Crianza de Burros

La Guía Definitiva de la Selección, Cuidado y Entrenamiento de Burros, que Incluye una Comparación entre Burros Estándar y Miniatura

Índice de Contenidos

Introducción

Los burros son criaturas únicas que evolucionaron y se adaptaron para vivir en entornos hostiles con terrenos accidentados y sin mucho forraje rico en nutrientes. Esto los hace ser animales robustos, y buenos para una variedad de tareas agrícolas y tareas físicas de otros tipos. Muchos usan burros como animales de guardia para el ganado; otros los usan para transportar pequeñas cargas en sus lomos o para tirar carros. Pueden proveer trabajo manual para triturar piedras e incluso abrirse camino entre hileras estrechas de productos con una mayor facilidad que un caballo.

Muchas personas tienen burros como mascotas o animales de compañía. La crianza de burros puede ser una experiencia lucrativa y gratificante que brinda ingresos decentes. Son increíblemente resistentes y tienen un excelente temperamento, y son menos costosos de comprar y cuidar que los caballos. Su menor tamaño los hace adecuados para tareas que los caballos no pueden realizar.

Sin embargo, al igual que con cualquier animal, hay cuidado involucrado, y estos animales deben recibir cuidados y mantenimientos regulares para prosperar. Saber lo que implica ser dueño de un burro y cómo cuidar a sus animales es el objetivo de esta guía.

Qué Contiene esta Guía

Primero, introducimos brevemente la historia social y evolutiva del burro, desde su tiempo en la naturaleza hasta el uso temprano que los humanos hicieron de ellos para una variedad de funciones y trabajos. Luego, examinaremos algunas de las razas más importantes, temperamento, diferencias físicas y similares. Luego, pasaremos a consejos e información que necesita para comprar animales saludables que satisfagan sus expectativas y necesidades.

Entrenamiento y Gestión

Una vez que hayamos explorado la información básica que necesitará, pasaremos al cuidado de los burros, incluyendo la alimentación y mantenimiento, como el aseo y el cuidado de las pezuñas. Aprenderá las mejores maneras de entrenar burros con consejos y sugerencias sobre cómo obtener el éxito que desea en este proceso, las que son provistas en detalle. Se revisa todo lo que necesita saber sobre la cría de burros. También se examinan enfermedades y problemas comunes que pueden afectar a los burros, cómo evitar dichos problemas y cómo diagnosticarlos.

Luego tendremos un breve paréntesis sobre el ordeño de burros, que no es tan común, pero *quizás debería serlo.*

Finalmente, completamos el libro con una discusión sobre las mulas y terminamos con información sobre cómo crear un negocio criando y cuidando burros.

Capítulo 1: Propósito y Beneficios de Criar Burros

Burros y Humanos: Una Relación Duradera

Los burros fueron domesticados por primera vez hace unos 6.000 años, y desde entonces han tenido una larga y beneficiosa relación con los humanos. Conocidos científicamente como Equus asinus, y descendientes de un asno salvaje africano, han sido un animal de trabajo muy querido desde los inicios de la civilización humana. Los machos se conocen como burros, las hembras como burras, y sus crías como pollinos. Han servido a los humanos para varios propósitos durante su larga historia con nosotros, incluyendo animales de compañía para otros animales de granja, protección, equitación e incluso como animal de trabajo o bestia de carga.

El burro tiene una larga historia junto a la humanidad y es un excelente animal para tener junto a otros equinos, como los caballos. Curiosamente, los burros también pueden aparearse con varias otras especies equinas, incluidos caballos y cebras. Sus crías se llaman burdéganos o mulas y cebroide (o cebrasno), respectivamente.

Este animal humilde y único también fue apreciado por su poder de trabajo e incluso por su poder curativo. Durante mucho tiempo, la leche de burra fue usada como sustancia medicinal en diversas circunstancias. Esto incluía la alimentación de bebés prematuros, niños enfermos, e incluso hay evidencia de que se pensaba que era un tratamiento efectivo para pacientes con tuberculosis. Su leche es más alta en azúcar y más baja en grasa que la leche de vaca.

Como otros equinos, los burros también son animales longevos. Suelen vivir al menos hasta los 25 años, y no es extraño que un burro viva hasta los 60 años en algunos casos. A los 40, un burro se considera anciano, y, por lo tanto, incapaz de trabajar con el mismo vigor y ferocidad que un burro joven.

Beneficios de los Burros

Hay muchos conceptos erróneos sobre los burros que podrían hacer pensar que no son buenos animales para servir como mascotas o como animales de granja. Sin embargo, tienen una gran cantidad de comportamientos y rasgos positivos que los hacen ser animales de granja muy deseables, ya sea por su poder de trabajo o su poder de protección. Echemos un vistazo a algunos de los mayores beneficios de criar burros en su propiedad.

Temperamento

Los burros tienen mala reputación por ser tercos, lo que en gran medida no es cierto. Son animales altamente inteligentes que aprenden y reaccionan de maneras diferentes a, por ejemplo, un caballo. Se les puede enseñar varios comportamientos valiosos y tienden a ser animales amables, e incluso cariñosos, que muestran una amplia variedad de habilidades sociales positivas, tanto con personas como con otros animales. Tienen una buena actitud sobre la mayoría de las cosas y, al menos que se sientan amenazados, tienden a ser bastante tranquilos. Esto significa que, si su burro está rebuznando fuertemente, probablemente algo esté ocurriendo.

Especialmente cuando son pollinos (bebés), a menudo crecerán para ser dulces y afectuosos con las personas. Son muy sociales y necesitarán mucha interacción social tanto con personas y animales, e incluso se les puede enseñar a comer de sus manos. Los burros se llevan bien con otros burros y caballos (particularmente yeguas) y se les puede enseñar a tolerar otros animales como vacas, ovejas, cabras, etc. Si bien se relacionan con el ganado, es importante entender que son animales territoriales.

Al introducir un burro al ganado, es necesario supervisarlo para garantizar la seguridad de los animales del ganado, ya que los burros pueden ser extremadamente agresivos si se sienten amenazados. La mayoría de las veces, el proceso de introducción se lleva a cabo durante varias semanas y comienza con una cerca o algún tipo de guardia entre el burro y el ganado. Una vez que el burro se haya acostumbrado a los animales del ganado, generalmente serán amables y amigables con ellos.

Dado que son tan sociales, pueden desarrollar vínculos profundos con personas u otros animales. Esto significa que pueden experimentar una gran angustia si muere un animal de compañía. Aunque es poco común, en casos extremos esto puede provocar una afección llamada hiperlipemia, que incluso puede provocar la muerte.

Los burros también prefieren un ambiente tranquilo y silencioso. Es probable que los ruidos fuertes y el alboroto estresen o irriten al animal, y se sabe que muerden al animal o a la persona que es la fuente de ruidos fuertes, algo para recordar si habrá niños cerca del burro.

Inteligentes

Los burros, como otras especies equinas, son conocidos por su inteligencia. Son criaturas altamente curiosas que pueden aprender una amplia gama de comportamientos y reacciones a estímulos. No solo anhelan, sino también necesitan estimulación mental y pueden portarse mal y desarrollar comportamientos no deseados si no se les da suficiente espacio o formas de ocupar su tiempo. Como los humanos, se portan mal cuando están aburridos.

Dado que los burros son criaturas sociables, prosperan mejor cuando se crían con otros animales, particularmente burros o yeguas (caballos hembras). También es menos probable que desarrollen comportamientos indeseables cuando se crían con animales adultos como otros burros que han sido adecuadamente criados. Parece que pueden aprender buenos y malos comportamientos de otros animales.

Si bien son extremadamente inteligentes, es importante tener en cuenta que existen claras distinciones entre ellos y los humanos. No poseen una "brújula moral", ni toman señales de su entorno social en cuanto a lo que es o no es un comportamiento aceptable. En resumen, no conocen la diferencia entre lo bueno y lo malo, ya que es una construcción humana. Esto es algo para recordar al entrenar a un burro.

Un burro simplemente responde a lo que funciona o no, no a si la acción o comportamiento es adecuado o deseado. El tipo de refuerzo que le dé al burro es clave, y aprende mucho mejor con una comunicación clara y simple del entrenador o dueño. Como ocurre con la mayoría de los animales, los comportamientos antinaturales, como ser montados, les toma más tiempo a los burros para aprender. Aprenderán del entorno mucho más rápido, lo que les facilitará aprender interacciones adecuadas con otros animales. Teniendo esto en cuenta, debe tener paciencia al entrenar a un burro joven.

A medida que el dueño o entrenador vaya conociendo al burro, ambos aprenderán a "leerse" mejor entre sí. La forma en que un dueño o entrenador trate al burro tendrá un enorme impacto en qué tan bien y con qué rapidez aprenden a realizar comportamientos deseables. Nuevamente, la comunicación es clave, y los burros que tienen una buena relación con su entrenador o dueño tienden a adquirir nuevas habilidades más rápidamente.

Los caballos son bien conocidos por tener un lenguaje corporal altamente expresivo, que puede dar a los dueños y entrenadores pistas sobre la mentalidad o el estado emocional del animal. Este no es el caso con los burros, y puede llevar más tiempo conocer y comprender las acciones y comportamientos del animal. Para muchos, son "difíciles" de leer cuando se trata de su estado emocional, y se dice que tienen un temperamento muy estoico que transmite poca emoción. Esto no significa en absoluto que no tengan emociones, ciertamente las tienen, solo lleva más tiempo y son más difíciles de determinar.

Dado que pueden ser un poco difíciles de leer, esto puede causar cierta falta de comunicación entre el animal y el dueño o entrenador. Dado que los humanos comprenden mejor el lenguaje corporal humano, a menudo podemos malinterpretar el comportamiento de un burro en formas que no aplican al animal. Por ejemplo, a veces, cuando un burro está altamente estresado, sus ojos se agrandan. Para un humano, esto puede indicar curiosidad o interés, pero es una señal de angustia.

Su tranquilo comportamiento es también la razón por la que tanta gente los usa como animales de guardia, aunque esto podría sorprender a algunos al principio. Son menos propensos a la "reacción de huida" que los caballos y otros equinos, lo que significa que es más probable que se enfrenten a los depredadores. Esta reacción de huida reducida los hace mantenerse firmes en situaciones potencialmente amenazantes, las que se discutirán con más detalle más adelante.

Con el tiempo, conocerá mejor la personalidad de su burro, lo que llevará a interacciones y comunicaciones más efectivas y positivas con el animal. A medida que aprenda sobre su personalidad, podrá aprender a comunicar mejor sus necesidades y deseos al animal, y es más probable que comprendan lo que usted quiere de ellos. Al igual que los humanos deben conocerse entre sí para tener una comunicación efectiva, tal es el caso con los humanos y los burros.

Al ser sociables y muy inteligentes, los burros son excelentes animales para que las personas más jóvenes o personas con limitaciones aprendan a montar. También pueden ponerse a trabajar en diversas formas, que se describirán más adelante.

Comportamientos

Como criaturas inteligentes, los burros pueden exhibir una gran variedad de comportamientos y pueden aprender a realizar varias tareas, pero igualmente se deben comprender algunos de sus comportamientos naturales. Los burros son conocidos por ser criaturas bastante "tranquilas". Una de las razones por las que muchas personas los eligen por sobre los caballos es que tienden a tener un comportamiento más tranquilo y relajado. También son curiosos, gentiles y, a menudo, serán afectuosos con humanos de confianza.

El entrenamiento es clave para lograr comportamientos deseados y minimizar la expresión de comportamientos indeseables. La paciencia es importante al entrenar a un burro. El adagio de que son tercos no es tan cierto como algunos podrían pensar, pero definitivamente tiene algo de mérito. Dado que son criaturas sociales, se alimentarán de las señales que les demos, ya sean intencionadas o no. Es vital que los entrenadores conozcan su lenguaje corporal y señales verbales que le pueden estar dando al animal, ya que esto afectará qué tan bien (o mal) capten los comportamientos que uno intenta enseñarles. Los comportamientos buenos o deseables deben recompensarse y alentarse rápidamente.

Su comportamiento suele ser estable, por lo que cualquier cambio dramático o notable en su comportamiento puede ser una indicación de un problema mayor. Si el burro está actuando de manera notablemente diferente de lo normal, se recomienda que sea examinado para detectar posibles problemas de salud. Si comienzan a desarrollar un comportamiento indeseable, abórdelo de inmediato, ya que es más probable que el comportamiento siga expresándose (y sea más difícil de eliminar) mientras más tiempo se le permita continuar.

Si bien sabemos mucho sobre los burros, todavía hay mucho que no sabemos. Por ejemplo, existe la pregunta sobre si los rasgos de comportamiento pueden transmitirse de un burro a otro; actualmente, el jurado proverbial aún está deliberando sobre eso. Dado que se desconoce mucho sobre su genética, pero sabemos que su entorno y ambiente son en gran medida indicativos de su comportamiento y actitud, la forma en que son criados se vuelve cada vez más importante.

Los entrenadores tendrán los mejores resultados en términos de interacción con y relación hacia otros animales cuando son socializados desde una edad temprana con otros animales. Ellos aprenden de su entorno, por lo que solo los animales entrenados que expresan los comportamientos adecuados deben mantenerse con un burro en entrenamiento. A menudo, los burros son mantenidos junto a yeguas y potros. Yeguas bien entrenadas ayudarán a crear el ambiente para un burro bien entrenado. Es vital comenzar a interactuar y trabajar con ellos desde una edad temprana. Es mucho más difícil deshacerse de los comportamientos una vez que emergen, en lugar de reducir la probabilidad de que ocurran en primer lugar.

Los burros también pueden ser muy vocales cuando quieren comunicar algo y, aunque lleva tiempo, aprenderá qué significan los diferentes ruidos o qué emociones indican. Esto también lo ayudará a comunicarse de manera más efectiva con su animal y determinar qué está mal en caso de que el animal muestre angustia.

Masticar es un comportamiento increíblemente común entre los burros. Se sabe que muerden cualquier cosa, desde postes de madera para cercas hasta prendas de vestir que pueden haber quedado por ahí. También son conocidos por escapar, por lo que también es importante mantener las cercas bien cerradas y aseguradas.

Entorno

Los burros pueden vivir en una amplia gama de diferentes entornos y terrenos, lo que los puede hacer más versátiles que otros equinos con requerimientos de entorno más limitados. Si, por ejemplo, usted vive en terreno difícil o irregular, un burro es una opción mucho mejor que un caballo, ya que pueden navegar más fácilmente en un entorno incierto y son mucho más ágiles.

El burro evolucionó y se crio selectivamente para soportar largos viajes con escaso forraje para comer. Esto significa que pueden funcionar con mucho menos recursos que, por ejemplo, un caballo. Debido al entorno en que evolucionaron, son delgados, pero también increíblemente inteligentes y astutos, capaces de encontrar comida para navegar en entornos aparentemente inhóspitos.

En la naturaleza, es fácil para un burro mantenerse sano y en forma, a menudo en el desierto u otros tipos de entornos hostiles donde simplemente no hay suficiente comida para que tengan sobrepeso. Sin embargo, si se les da demasiado acceso a alimentos o forraje como animales de granja, pueden tener sobrepeso rápidamente, lo que puede ocasionar muchos problemas negativos de salud. Se recomienda un estricto horario de alimentación, y requieren poca alimentación suplementaria si se les proporciona una cantidad decente de área para navegar.

Los burros también evolucionaron para ser animales altamente activos y, por lo tanto, requieren una cantidad decente de estimulación física y mental, o podrían comenzar a comportarse mal o mostrar signos de angustia mental. Necesitan tener una cantidad adecuada de espacio para moverse.

Tampoco son muy buenos con los cambios, particularmente grandes cambios en su entorno. Si bien estos cambios no siempre pueden evitarse en ciertas circunstancias, es importante que, si es posible, cualquier cambio sea introducido lentamente para permitir que el burro se aclimate.

Bajo Mantenimiento

Una de las razones más importantes para tener burros es que su mantenimiento es relativamente bajo, especialmente en comparación con otros equinos conocidos por tener necesidades dietéticas delicadas y que a menudo requieren mucha atención veterinaria. Tienden a ser animales saludables y robustos que rara vez tienen problemas. No es que los burros no puedan enfermarse o nunca experimenten una salud negativa, pero comparativamente hablando, causan muchos menos inconvenientes que un caballo.

Los burros requieren muchas menos aportaciones que otros equinos. Pueden buscar su comida por sí mismos en gran medida y solo necesitan un poco de heno o paja suplementaria para sobrevivir. También comen, en términos de volumen, mucho menos que los caballos y otros equinos, lo que los convierte sin duda en una opción económica. Tampoco son tan caros desde el principio. Es bien sabido que requieren menos comida que incluso un poni del mismo tamaño.

Como animales de pastoreo, los burros comen casi cualquier vegetación rica en fibra y pueden encontrar suficiente nutrición en un terreno de barbecho relativamente pequeño. Dado que pueden comer casi cualquier cosa, encuentran gran parte de sus necesidades nutricionales en alimentos silvestres. Pueden explorar la vegetación hasta por 16 horas al día. Prefieren buscar plantas con mayor contenido de fibra, pero como se indicó anteriormente, casi cualquier vegetación les sirve. Cada animal requiere alrededor de medio acre de tierra para pastar.

Necesitan solo un poco de heno o paja suplementaria, principalmente en invierno, cuando es más difícil conseguir forraje. Necesitarán acceso regular al agua y beben más que otros animales equinos. Prosperan mejor cuando se les administran trazas diarias de sales minerales, que se discutirán en profundidad en el capítulo sobre alimentación.

Los burros son animales con pezuñas, como todos los otros equinos, y, por lo tanto, en ocasiones, requerirán mantenimiento en las patas. No tienen tantos problemas en las patas como se sabe que tienen los caballos, pero necesitarán recortar las pezuñas entre alrededor de 4 a 8 semanas. Y el burro también deberá ser empapado (desparasitado) regularmente. Como la mayoría de los equinos, necesitarán vacunas regulares contra enfermedades como la influenza, y cuando se les brinda este cuidado básico, rara vez necesitan más tratamiento médico que esto.

A diferencia de los caballos, los burros no tienen subpelo. Esto los deja más vulnerables a la lluvia y al frío, y requerirá protección contra los elementos.

Protección/Compañía

El burro está ganando popularidad como animal de compañía debido a su carácter muy social y afectuoso. Tienden a ser más tranquilos y relajados que los caballos, y a menudo se vuelven tan cariñosos con las personas, que comen de sus manos, y los saludan cuando entran en su espacio vital. Si bien pueden ser un poco tercos cuando se trata de aprender cosas nuevas, en realidad tienden a ser animales tranquilos y amables, pero a veces, los burros muerden a otros animales por ser demasiado ruidosos o para proteger su entorno si se sienten amenazados.

Los burros no solo son buenos compañeros para las personas, sino que también son mejores compañeros para otros animales. Se llevan muy bien con otros equinos, incluidas yeguas y potros. A menudo se presentan como un compañero a una yegua después de que le quitan sus potros. Casi siempre se llevan bien con otros burros, especialmente si son criados juntos desde que son pollinos.

No distinguen, y los perros pueden incluirse entre los animales que se escapan del patio. Si se crían con cachorros, estarán más acostumbrados a ellos y, por lo tanto, será menos probable que los muerdan. Sin embargo, son famosos por pellizcar para mantener a raya a un cachorro rebelde. Y también debe decirse que todos los burros son diferentes, y algunos simplemente no se llevarán con un perro, con cualquier perro, independientemente.

Debido a su naturaleza altamente territorial, los burros pueden usarse para proteger ganado como ovejas, cabras, vacas, etc. Sin embargo, la introducción debe ser gradual. Como mencionamos anteriormente, a los burros no les gustan los cambios drásticos, y son territoriales, por lo que deben ser introducidos lentamente a nuevos animales. Esto a menudo tiene lugar durante varias semanas, primero a través de una cerca u otra forma de protección, luego de forma supervisada, hasta que finalmente el burro puede quedarse solo con el ganado.

Para el burro, el ganado simplemente se vuelve parte de su entorno. Si bien seguramente protegerán el ganado en su territorio, protegen más el territorio que los animales, aunque el resultado sea el mismo. Aunque lleva tiempo, el burro a menudo se vincula con los otros animales, y pasa gran parte de su tiempo explorando cerca del resto del grupo.

Los burros no se molestarán con animales pequeños como pájaros o mapaches, pero huirán de perros, zorros y coyotes. Siempre están escuchando y están asombrosamente atentos a su entorno; a menudo investigan ruidos desconocidos o conmociones. A diferencia de los caballos, los burros no son tan propensos a correr ante los indicios de una amenaza potencial. Se mantendrán firmes e incluso atacarán si la expulsión del intruso no tiene éxito. Golpear y morder son las dos formas de defensa más comunes. También usarán amenazas auditivas como rebuznos fuertes.

Si es posible, es mejor criar al burro con otros animales en el área. De esa manera, es menos probable que alguna vez se vuelva contra la mascota de la familia o el ganado, y el animal se vinculará más sólidamente con el ganado.

Aquí, debemos señalar que los burros machos intactos no son la mejor opción para este propósito. La mayoría de las veces, se utilizan hembras o burros castrados con fines de vigilancia y protección.

Trabajo

Durante su relación milenaria con los humanos, los burros han sido apreciados por su bajo mantenimiento y habilidad para trabajar. Los burros son animales que trabajan muy duro y, aunque no tan común hoy en día, alguna vez fueron el principal animal de trabajo en varios entornos, en su mayoría inhóspitos. Su resistencia y capacidad para trabajar en condiciones difíciles es parte de lo que los hizo atractivos para el hombre durante todos estos miles de años.

Aunque hoy muchos los mantienen como animales de compañía, los burros son excelentes como animales de trabajo y pueden realizar varias funciones. Como mencionamos brevemente anteriormente, los burros pueden ser excelentes para montar. Esto es especialmente cierto para niños, adultos mayores, o personas con discapacidad.

Por supuesto, los burros no son grandes e intimidantes, tienen un buen comportamiento y, a menudo, causan menos miedo a los niños pequeños que los caballos. Lo más importante de todo es que los burros son muy pacientes, lo cual es muy importante para enseñar a un niño a montar. Como son tan amables y a menudo cariñosos, interactúan mejor con los niños además de tener un tamaño más razonable para montar.

Aunque en la actualidad se utilizan más en un entorno de trabajo, también son excelentes para cargar animales e incluso pueden transportar pequeñas cargas en carritos. Pueden llevar hasta 100 libras en su lomo, y pueden tirar el doble de su peso corporal a nivel del suelo, por ejemplo, usando un carrito.

Capítulo 2: Razas de Burro: Estándar vs. Miniatura

Como ocurre con muchos animales, hay muchas subespecies o razas de burros, las que varían en tamaño, color, temperamento, habilidad y más. La palabra "burro" es un término comúnmente usado para referirse a animales del género Equus asinus, y se deriva de la palabra española "borrico", la cual simplemente significa "burro". Muchas personas usan la palabra burro para referirse a burros miniatura. En el sudoeste estadounidense, es cada vez más común escuchar el uso de la palabra española burro.

La Sociedad Estadounidense de Burros y Mulas usan el término "burro" (en español), para referirse a animales de tamaño mediano que descienden de especies salvajes de burros y no la usan en relación con burros miniatura o razas excepcionalmente grandes. Esta diferencia semántica puede causar un poco de confusión, dependiendo del origen del sitio web, libro o la persona con la que está hablando. Es probable que su lugar de origen afecte los términos que utilizan para referirse a este animal.

Los burros han sido criados selectivamente por miles de años para resaltar una variedad de características o comportamientos. Los predecesores de esta especie todavía pueden encontrarse en la naturaleza en muchos lugares, aunque son cada vez más raros. Se sabe que los burros estándares domésticos escapan y vuelven a un estado más salvaje o silvestre, viviendo sus días en la naturaleza.

Los burros miniatura son animales completamente domesticados y no se encuentran en la naturaleza, y no les iría particularmente bien si escaparan.

Las estimaciones sugieren que hay 50 millones de burros en todo el mundo, lo que los convierte en una especie equina popular, aunque muchos no están familiarizados con su uso como animales de trabajo o compañía.

Historia y Tipos de Burro

Como se indicó en el capítulo inicial, los humanos tienen una relación de larga data con el burro que se remonta a unos 6.000 años. Esta larga historia ha sido testigo de muchos cambios no solo en la cultura humana y la sociedad, sino también en la apariencia y el temperamento del burro. Las diferentes razas de burros variarán en tamaño, color y temperamento, pero la historia general del burro es aproximadamente la misma independientemente de la raza.

Una Breve Historia del Burro

Los burros son especies equinas, y hace millones de años, el burro, el caballo y otras especies equinas descendían del mismo animal antiguo. Sus caminos genéticos han divergido mucho desde entonces, pero son parientes lejanos en el árbol genealógico genético. Los caballos y los burros, aunque relacionados, tienen una biología y temperamento muy diferentes, por lo que las similitudes terminan en el hecho de que ambos son especies de equinos con pezuñas.

Los burros tienen dos linajes genéticos distintos. Estos linajes evolucionaron en climas bastante diferentes, y sus diferencias son muy importantes para su temperamento y el cuidado que necesitan. Los principales linajes son el asiático y el africano, los que a su vez serán examinados.

El linaje asiático de burros incluye varias especies, pero todas provienen aproximadamente de la misma zona entre el mar Rojo y el Tíbet. Esta es una zona demográfica enorme con condiciones ambientales muy diferentes. Los burros asiáticos evolucionaron para lidiar con una amplia gama de entornos, desde un entorno desértico más típico hasta grandes altitudes y terrenos inestables, como lo que se encuentra en el Tíbet. Hay una variedad de especies derivadas del burro asiático.

El linaje africano no incluye tantas especies y cubre un nicho ecológico grande, pero ambientalmente más similar. Los burros africanos se encuentran entre la costa del mar Mediterráneo y el sur del mar Rojo, usualmente en regiones increíblemente secas como el desierto del Sahara. Las dos especies africanas son el burro salvaje nubio y el somalí. Este es el linaje de la mayoría de los burros domésticos modernos.

Los burros se han domesticado durante unos 6.000 años, y se cree que la domesticación se originó en el norte de África. Los animales fueron originalmente domesticados para obtener carne, leche y pieles. No se utilizaron como bestias de carga hasta hace unos 2.000 años, al menos según la evidencia que hemos encontrado.

Los burros domesticados que se utilizaron por primera vez como animales de tiro fueron puestos a trabajar, haciendo el largo viaje de 4.000 millas a través de la Ruta de la Seda, llenos de carga. Este viaje, dado que se hacía a pie, podía tardar un par de años en completarse. Este viaje de larga distancia resultó en la cría entre razas dispares que alguna vez estuvieron geográficamente alejadas, ayudando a crear el complicado surtido de variedades de burros que vemos en tiempos modernos.

Su uso para transportar carga en las Rutas de la Seda expuso a otros pueblos a su miríada de usos. Los griegos descubrieron que los burros eran ideales para atravesar los caminos estrechos y rocosos que componen las tierras griegas y que son lo suficientemente pequeños como para navegar entre viñedos; las uvas son una parte muy importante de la vida y la economía griegas. Ya que eran un animal tan bueno para trabajar en los viñedos, el burro se extendió a otras regiones vitivinícolas como España. Si bien parece una distancia increíblemente larga, de alguna manera yendo desde África a España, la costa de España y la costa del norte de África están a solo unas pocas millas de distancia en ciertas áreas.

Podemos agradecer a los romanos por la entrada del burro en Europa continental. Los romanos usaban burros para el trabajo agrícola, usándolos típicamente como insumos agrícolas o para transportar productos. Dondequiera que los romanos plantaran vides en los lugares que conquistaban, lo que corresponde básicamente a cualquier lugar donde pudieran crecer, los burros eran traídos. Había viñedos tan al norte como Alemania y Francia durante el imperio.

Cuando los romanos invadieron Inglaterra, también trajeron al burro con ellos. Los historiadores fecharon esta introducción alrededor del año 43 e. c., cuando los romanos invadieron Gran Bretaña. Si bien había algunos burros dispersos en uso en esta área en ese momento, no fue hasta el siglo 16 que se convirtieron en algo común en las islas británicas.

Con la invasión de Irlanda por Oliver Cromwell, se introdujeron más burros en el área para ayudar con el esfuerzo de guerra. No fueron utilizados como el principal animal de carga, pero pudieron compensar la escasez de caballos con su trabajo. Se estima que había unos 250.000 burros que pertenecían al ejército británico al final de la Primera Guerra Mundial, lo que demuestra lo útiles que resultaron ser para los militares.

Con una historia larga y legendaria, evolucionar y ser criado selectivamente junto con los humanos, a medida que se desarrollaban civilizaciones cada vez más complejas y globales, muestra cuán estrecha es la relación entre la evolución del burro y la intervención humana.

Razas de Burros Estándar

Hay muchas razas de burros diferentes. Según informes de los países contabilizados por el Sistema de información sobre la diversidad de los animales domésticos dentro de la Organización de las Naciones Unidas para la Alimentación y la Agricultura, hay más de 172 razas de burros en todo el mundo, la mayoría de las cuales son muy raras y específicas de una región, y se piensa que algunas razas están extintas.

Si bien existe una variedad de burros, las razas de burros de propiedad más comunes son el Grand Noir Du Berry, el burdégano, la mula, el Poitou y la miniatura, cada uno de los cuales tendrá su propia subsección a continuación. Examinemos cada una de estas razas comunes.

Grand Noir du Berry

Esta raza de burro recibe su nombre de la región francesa de Berry de donde es originaria. Los machos miden generalmente alrededor de 135-145 cm en la cruz (la porción más alta del burro entre los omóplatos) y las hembras alrededor de 130 cm. Como su nombre lo indica, sus pelajes son típicamente negros, pero pueden ser de otros colores como el castaño, castaño oscuro o gris.

Esta raza de burro a menudo tiene el vientre, boca, muslos y partes de la pierna grises. No tienen la cruz típica que muchas personas asocian con los burros, y tampoco tienen rayas en las patas. Los Grand Noirs tienen un excelente temperamento y son increíblemente fuertes para su tamaño.

Al principio, se descubrió que eran más útiles que otros animales en el trabajo con los viñedos, y por lo tanto, eran el principal animal utilizado para este tipo de agricultura en la región. Su tamaño les facilita viajar entre las estrechas hileras de vides mejor que los caballos. En el siglo 19, el burro reemplazó la fuerza humana para tirar de barcazas por el canal de Berry y, una vez que se acercaban a París, su destino habitual, el canal de Briare.

El Grand Noir ha sido estandarizado como raza por organizaciones locales que promueven su cría y uso. Tienen un excelente temperamento y a menudo se eligen como animales de compañía o mascotas. Hasta el día de hoy, el Grand Noir aún es usado por pequeños agricultores y para llevar grupos de turistas mientras recorren la región.

Burdégano

Un burdégano es un cruce entre una burra y un caballo macho. La mayoría de las veces tienen las características externas (por ejemplo, rasgos faciales) de un caballo, pero el tipo de cuerpo y el tamaño de u n burro. Esta es una raza más pequeña y rara que muchas de las otras, y a menudo puede confundirse con una mula. Esta raza también es genéticamente rara. Los caballos tienen 64 cromosomas y los burros tienen 62; el burdégano tiene 63.

El color y el patrón del pelaje pueden variar ampliamente entre burdéganos. El pelaje y el tipo de patrón que tenga el burdégano dependerán en gran medida del pelaje y las marcas de los padres, más que con otras razas de burro.

Se sabe que los burdéganos masculinos intactos son muy agresivos, y se debe tener extrema precaución al interactuar con ellos. Tampoco deben mantenerse cerca de ganado u otros animales. Debe elegir un macho castrado para evitar potenciales problemas.

Mula

No pasaremos mucho tiempo hablando de la mula en esta sección, ya que más adelante les dedicaremos un capítulo completo. Esta raza es muy común en los Estados Unidos y es mucho más común allí que en Europa y el resto del mundo.

La mula es una mezcla entre un burro macho y una yegua.

Poitou

Esta es otra raza de burro que adquiere su nombre de la región en que se originó, en este caso, Poitou, Francia. El Poitou es una de las razas más grandes de burros y se distingue por su tamaño y su pelaje único, grueso y a menudo enredado.

Los machos adultos se llaman *baudet* y miden entre 142 y 153 cm de altura, aunque pueden ser más grandes. Las hembras se llaman *anesse* y suelen ser una mano (alrededor de 4 pulgadas) más cortas, y sus pelajes no suelen ser tan gruesos.

En épocas pasadas, esta era una raza comúnmente utilizada para la cría de mulas, y sus genes atravesaron el planeta a través de este proceso. Ahora, se usan con menor frecuencia para criar mulas, ya que cualquier raza de burro es adecuada, y su población se redujo. No hubo mucha demanda de Poitous de raza pura, por lo que hubo una enorme caída en su población, y entraron en una disminución significativa en la década de 1950.

Preocupados de que el Poitou pudiera extinguirse, se encargaron estudios en la década de 1970, y mostraron que las hembras estaban teniendo menos preñeces, y también que menos preñeces estaban llegando a término. Esto llevó al lanzamiento del movimiento Save the Baudet (SABAUD, Salvemos al Baudet en español), que continúa hasta el día de hoy. Esta organización fue lanzada en un esfuerzo por evitar la extinción del animal, y para encontrar formas de aumentar su población.

Se han abierto libros de orígenes, y se comparte información para ayudar a fomentar la cría y la existencia continua de la raza de burro Poitou. También se han establecido programas experimentales de reproducción para encontrar formas más efectivas para lograr una reproducción exitosa. Aunque el proceso es lento y arduo, la población volvió a subir a mediados de los noventa, y el esfuerzo continúa.

Burros Miniatura

También llamado burro miniatura del Mediterráneo, esta es una raza totalmente separada de los que se consideran burros estándar. Son originarios de las islas de Cerdeña y Sicilia.

Para que el animal se considere realmente como miniatura, no puede medir más de 91 cm en la cruz. Su ascendencia también debe documentarse como miniatura para ser oficialmente considerados parte de esta raza.

Estos son animales extraordinariamente pequeños y dulces, y son una de las razas de burros más conocidas por su ternura. Vienen en una amplia variedad de patrones de colores diferentes, y pueden tener o no marcas. Varían entre negro, gris, marrón, crema, castaño, manchado y pardo (animales con manchas blancas y de otro color, pero generalmente no negras).

La historia de estos animales es interesante. Dado que son tan pequeños, los campesinos los encontraron muy útiles para tornear piedras de moler dentro del hogar para moler el grano. Se hicieron tan conocidos por este uso que en el siglo 18 esta tarea adquirió proporciones más industriales. Los animales se usaban en molinos de granos a gran escala y se les vendaban los ojos, dejándolos torneando las máquinas hora tras hora, moliendo cantidades masivas de grano. Afortunadamente, ya rara vez cumplen esta función, especialmente no a nivel industrial.

Como ocurre con otras razas de burros, también pueden usarse para trabajos agrícolas a pequeña escala. También resultaron ser especialmente útiles para transportar agua y otros suministros a través de regiones montañosas o inhóspitas. Hoy en día, se mantienen más comúnmente como mascotas, ya que son conocidos por su temperamento suave y dulce, y su tamaño es más propicio para ser una mascota.

Capítulo 3: Comprando Sus Burros: Selección, Costo, y Otros Consejos

La compra en sí de burros parece ser la parte más fácil del proceso de propiedad, pero en realidad viene con un montón de consideraciones importantes. Estos animales requieren cuidados especiales y son longevos, lo que muestra por qué es importante considerar una variedad de aspectos antes de comprar un burro. Algunos pasos importantes en el proceso de compra pueden ayudar a garantizar que tome una buena decisión y haga una buena inversión con su dinero.

Consideraciones a Tener en Cuenta al Comprar Burros

Se necesita un poco de investigación y la debida diligencia para asegurarse de obtener animales que se adapten a sus necesidades y habilidades específicas. Esto no es como hacer una compra impulsiva de algo que no importa; los burros son criaturas vivientes con necesidades emocionales y físicas de las que usted será responsable de proporcionar. Debe comprender claramente lo que implica tener y criar burros para cualquier propósito, pero también el propósito específico con el que pretende utilizarlos.

En realidad, no hay una tienda de mascotas donde pueda comprar un burro, por lo que tendrá que hacer algunas investigaciones, y lo que sigue son consejos acerca de cómo buscar el burro adecuado para sus necesidades. Tendrá que hacer mucho trabajo preliminar, pero estos animales son una inversión, y una a largo plazo, por lo que tiene mucho sentido asegurarse de saber en qué se está metiendo, y de obtener un animal sano que esté entrenado o que sea adecuado para los usos previstos.

Primero, Una Advertencia Sobre Comprar En Línea

Al igual que con la mayoría de las cosas hoy en línea, puede mirar y comprar burros en línea, pero debe tener mucha precaución al hacer esto, y no es recomendable que compre animales en línea, sin haberlos visto físicamente primero. Por muy bueno que sea Internet, también es un lugar donde las estafas y la gente dudosa están por todas partes. Es extremadamente fácil hacer un sitio web de apariencia profesional y tomar fotografías de animales felices y sanos de otros lugares en la web y usarlas como propias.

Los testimonios de clientes también se pueden falsificar y comprar fácilmente en línea. Es por eso que es imperativo que, si está buscando burros en línea, haga esa investigación adicional para asegurarse que el criador o proveedor sea realmente legítimo y sea quien dice ser. Puede realizar compras exitosas de animales en línea, y muchas personas lo hacen debido a la conveniencia, pero no debe buscar o comprar animales en línea sin verlos. Nunca trate con alguien que sea reacio o que simplemente se niegue a dejarle ver a los animales en persona antes de comprarlos. Esta es una enorme señal de alerta de que la operación no es legítima, y que puede ser estafado por su dinero o terminar con un animal insalubre o de mal genio por el cual luego gastará tiempo (y a menudo dinero) averiguando qué hacer con él.

Internet puede ser un buen punto de partida para realizar compras. Puede ser una excelente fuente de información para todo lo que necesite saber sobre los burros y su cuidado, pero no es el lugar ideal para llevar a cabo todo el proceso de compra, ya que hay muchas cosas que necesita ver en persona a la hora de decidir qué animal o animales comprará.

Consideraciones Generales

Como mencionamos brevemente en la introducción, se requiere algo de investigación para determinar qué tipo de burro comprar y dónde comprarlo. Debe considerar sus expectativas, su nivel de habilidad y conocimiento, la cantidad de espacio que tiene disponible. Hay recursos relacionados con la propiedad y el cuidado a largo plazo de los burros, y usted debería poder administrarlos y no solo hacer la compra inicial. Puede ganar dinero criando y usando burros para actividades específicas, pero aun así requieren aportaciones regulares, entrenamiento, atención médica, etc.

Recuerde, los burros a menudo viven hasta los 30 años o más. No es como comprar un pescado; es una inversión y un compromiso a largo plazo. Debe poder comprometerse con décadas de cuidado y propiedad.

A menos que tenga el burro como mascota, y a veces incluso en ese caso, querrá que el burro tenga otros burros como compañía. Son animales increíblemente sociales, y cuando no tienen contacto con otros equinos rara vez les va bien, y tienen mucha angustia emocional.

Considere el espacio que tiene que dedicar a los burros. Puede que mire a su alrededor y piense que tiene suficiente espacio para una cantidad 'x' de burros, pero deben tener suficiente espacio para correr y tener suficiente espacio para navegar. Cada animal necesitará al menos medio acre para navegar, por lo que deberá planificar el tamaño de su recua.

Dado que nos podemos poner nerviosos cuando nos ponen en el lugar, tenga una lista de preguntas preparada de antemano, para que no olvide hacer todas las preguntas pertinentes al criador o proveedor. Conozca qué tipo de animal (raza, temperamento, o entrenamiento, etc.) está buscando, para que el creador tenga la información que necesita para ayudarlo a elegir los mejores animales. Cuando haya reducido su selección, pida ver a los animales en una variedad de entornos. Pida verlos en los establos, en el pasto, siendo preparados, y pida ver sus patas para asegurarse que sus pezuñas estén bien cortadas y en buen estado.

No debe tener un propósito emocional por creer que un animal es lindo o tierno. Usted quiere los animales para un propósito específico, y quiere asegurarse de escoger un animal basado en dichas necesidades y deseos. Es fácil quedar atrapado en los tiernos ojos de un burro cariñoso, pero si esa personalidad o conjunto de habilidades no sirve para los propósitos para los que está adquiriendo el animal en primer lugar, no será una buena opción. Esto no es algo para lo cual quisiera sentir remordimiento del comprador.

Vea Por Sí Mismo Físicamente a los Burros

Ya sea que busque un criador o proveedor potencial en línea, o simplemente se conecte con alguien local, es crucial que usted físicamente a ver a los animales, para asegurarse de que está obteniendo lo que dicen que está recibiendo. Aunque hay muchos criadores de burros excelentes, conocedores y de buena reputación, también hay personas que solo buscan ganar dinero rápido. Quizás no saben lo que están haciendo o simplemente recortan gastos para reducir costos, lo que puede llevarlo a cargar con un animal insatisfactorio o poco saludable.

Cuando sea posible, lleve a alguien con un amplio conocimiento y mucha experiencia con burros. Ellos sabrán qué buscar, preguntas en las que quizás usted no haya pensado, y señales de alerta que podrían indicar que las cosas no son lo que parecen.

Especialmente cuando compra un burro de pura raza o miniatura, debe asegurarse que realmente está obteniendo lo que cree que está obteniendo. Las razas puras y las miniaturas tienen un precio más alto que otros burros, por lo que debe asegurarse de estar obteniendo realmente una raza oficial y legítima.

Al ir a ver a los animales, no solo puede estar seguro de que está obteniendo la raza que desea, sino que puede ver las condiciones en las que se mantiene el animal. Usted quiere animales que se mantengan en condiciones limpias, saludables y seguras, para que no lleguen a usted enfermos y estresados. Es imperativo programar una cita para ver a los animales, pero los expertos recomiendan que los visite más de una vez.

Si es posible, preséntese inesperadamente en su segunda visita, para que sepa que no han creado un entorno falso o idealizado simplemente para usted. Quiere saber cuáles son las condiciones reales en las que se mantiene al animal.

Además, para asegurarse de que está obteniendo la raza que espera y que los animales estén en buenas condiciones físicas, también debe asegurarse que esté obteniendo un animal con el temperamento y/o entrenamiento adecuados para sus necesidades deseadas. Buscará cosas bastante diferentes cuando busque un burro para que sea una mascota en lugar de un burro que se usa para cuidar el ganado. Comprenda claramente sus expectativas y necesidades al decidir qué razas o animales específicos serán los más adecuados para usted.

Por ejemplo, si quiere un burro que sea bueno para los niños pequeños que estén aprendiendo a montar, no quiere un animal fresco y sin entrenamiento. Se necesita mucha habilidad, experiencia y años de entrenamiento para preparar a un burro para que acepte y tolere ser montado para que sea seguro de montar para los niños. No confíe en la palabra de los criadores; siempre es mejor exigir pruebas y estar seguro.

Si el criador o vendedor le dice que el animal ha sido manejado o entrenado, solicite pruebas. Pida ver al animal interactuando con personas y siendo montado, para saber que está obteniendo un animal que será seguro para que sus niños lo monten.

Un Comentario Sobre los Machos

Los machos intactos son bien conocidos por ser bastante agresivos y difíciles de manejar y entrenar. Pueden ser impredecibles y peligrosos para las personas que carecen de experiencia. La mayoría de los expertos recomiendan conseguir machos castrados a menos que planee criarlos. Incluso si planea criarlos, deberá mantener al macho intacto alejado de otros animales y tener mucha precaución al manipularlos para su cuidado. Es mejor conseguir un macho castrado o asegurarse de tener los costos de castración incluidos en sus cifras de compra.

El castrado puede ser un proceso complicado que involucra a alguien con experiencia y especialidad, y es caro castrar a un macho después de la compra. Muchos criadores y proveedores ya tendrán machos castrados a la venta, y se recomienda elegir aquellos.

Un Comentario Sobre las Miniaturas

También debemos discutir los detalles acerca de la compra de burros miniatura. Dado que esta es una raza especializada, generalmente tienen un precio más alto que otros burros, incluso algunas variedades de raza pura. El animal, como se dijo anteriormente, debe cumplir con ciertos criterios para ser oficialmente una miniatura y, por lo tanto, tener un precio más alto. Si está buscando un burro miniatura, asegúrese de que el criador pueda brindarle una prueba de edad y paternidad.

Aunque no es tan común, la gente ha tratado de hacer pasar burros más pequeños o incluso burros mayores enfermos y desnutridos, como miniaturas, por lo que quiere tener pruebas por la tranquilidad que esto brinda.

Costo

Dado que cualquier animal requerirá un cuidado regular y continuo, deberá conocer todos los costos involucrados no solo en la compra de los animales, sino también en su cuidado. Deberá presupuestar el heno, el agua, la protección contra los elementos, los suplementos de trazas de sales minerales, el desparasitado, y el corte regular de las pezuñas. Para mantener a los burros saludables, se recomiendan vacunas anuales contra enfermedades contra la influenza. La cría de animales vendrá con una amplia gama de costos demasiado detallados para este tipo de resumen básico.

Generalmente, dependiendo de la raza, edad y entrenamiento de los animales, el precio de los burros oscilará entre los 500 y los 2000 dólares.

Después de elegir sus animales y hacer la compra, solicite un recibo escrito que contenga la mayor cantidad de información pertinente posible. El recibo debe incluir la siguiente información:

- Nombre del proveedor

- Dirección del proveedor

- Número de teléfono y dirección de correo electrónico del proveedor (si corresponde)

- Fecha de venta

- Costo de venta

- Cualquier información adicional como la inclusión de destino o transporte

Pasaportes Equinos

Para comprar legalmente un burro, deberá tener un certificado de venta y un pasaporte equino. Todos los burros deben venir con un pasaporte equino, de lo contrario no será una compra legalmente reconocida. Primero, quiere confirmar antes de visitar al proveedor que todos sus animales tienen pasaportes equinos legítimos. También quiere solicitar ver el documento antes de finalizar la compra.

Dado que hay un elemento legal en esto, deberá asegurarse de tener todo organizado. No basta con tener la palabra del criador de que todos los animales tienen pasaporte equino; debe ver el documento y asegurarse de que sea oficial.

Cuando se le muestre el pasaporte, deberá verificar que la información del criador o proveedor sea correcta y lo que le dieron al trabajar con ellos. También puede considerar consultar con el emisor de los pasaportes para asegurarse de que sean válidos. Si no tiene el certificado de compraventa y el pasaporte equino, no solo podría terminar siendo multado en ciertas áreas, tampoco tendrá recursos legales si hay algún problema.

Una vez que haya hecho su tarea, haya realizado una visita o dos y haya escogido a sus animales, es hora de hacer la compra definitiva y decidir cómo llevará los animales a casa. Algunos criadores y proveedores incluirán el transporte en el costo del animal; otros esperan que usted encuentre su propio medio de transporte, lo que implicará el uso de un remolque y un camión adecuado para tirar de un remolque de animales.

Si el costo del transporte está incluido en su compra, solicite ver el remolque en el que se transportan los animales. Quiere asegurarse de que esté en buenas condiciones y de que sea un espacio seguro para que viajen los animales. No quiere tener demasiados animales en un remolque donde pueden estar inseguros, incómodos y estresados. Eso hace que la estadía del animal en su nuevo hogar no tenga un buen comienzo. Es mejor si puede haber el menor estrés posible, lo que, por supuesto, no es fácil, especialmente si los animales tienen que soportar viajes de larga distancia para llegar a su nuevo hogar.

Si usted es el responsable de su transporte, deberá poseer u obtener acceso a un camión adecuado para transportar un remolque de animales. Luego, necesitará un remolque de tamaño adecuado para la cantidad de animales que pretende transportar. Deberá asegurarse de que los animales estén debidamente protegidos y asegurados en el remolque, para no correr el riesgo de sufrir lesiones durante el viaje de un lugar a otro.

Capítulo 4: Alojando a Sus Burros

Si bien los burros son animales resistentes, evolucionaron en climas más cálidos donde no hay demasiada lluvia, podría tener terreno inestable y, a menudo, tienen forraje muy pobre en nutrientes para comer. Este es el clima en grandes áreas del mundo, pero en lugares como Estados Unidos y Europa, el clima puede ser muy diferente, con largos períodos de frío y, a veces, mucha lluvia. Como señalamos en una sección anterior, los burros no tienen subpelo como los caballos, por lo que no tienen protección contra la lluvia o el clima frío, ni pueden tolerar quedar expuestos a ellos por mucho tiempo.

Un refugio básico es necesario para cualquier lugar donde llueva regularmente o que tenga invierno. No es necesario que el refugio sea enorme ni nada extremadamente complicado tampoco. Las estructuras simples hechas de materiales básicos funcionarán bien. Solo debe asegurarse de que los animales tengan el espacio adecuado, la protección adecuada contra los elementos, y un ambiente seguro para buscar protección contra los elementos.

No es necesario ser un constructor o un carpintero profesional para construir un refugio simple. Con solo un conocimiento básico de cómo usar herramientas básicas y los suministros adecuados, puede construir un buen refugio que mantendrá a sus animales seguros, incluso en condiciones difíciles. A continuación, se muestran algunas instrucciones básicas sobre cómo construir un refugio simple para sus burros. Es posible que deba investigar alguno de los términos si no está familiarizado con ellos, pero usamos un lenguaje lo más simple posible para explicar los pasos necesarios para construir un refugio.

Un plan y un viaje a su ferretería local es todo lo que necesita para comenzar. Eso, y un buen trabajo duro, porque construir un refugio, incluso uno simple, es un duro trabajo. La mayoría de las personas, incluso aquellas con habilidades rudimentarias de construcción, pueden armar un refugio simple en solo unos días. Si está construyendo un recinto para solo un par de animales, es probable que pueda completar el proyecto durante un fin de semana si tiene un poco de ayuda.

Cómo Construir un Refugio Básico para Burros

Quiere crear un recinto seguro y cómodo para sus animales que les brinde la cantidad de espacio y las cosas que necesitan para mantenerlos a salvo de los elementos. Deberá asegurarse de que su refugio sea lo suficientemente grande para sus animales. La mayoría de las veces, los burros prefieren estar al aire libre, por lo que es probable que pasen la mayor parte del tiempo fuera del recinto, pero debe asegurarse de que haya suficiente espacio en caso de que todos los animales quieran buscar refugio simultáneamente.

Si solo tiene un par de animales, un recinto de 8 por 8 pies será suficiente. Si tiene muchos animales, deberá asegurarse de brindarles un espacio adecuado. La mayoría de los expertos recomiendan alrededor de 40 pies cuadrados por animal.

Las instrucciones básicas que usamos en esta guía suponen que solo habrá burros en el recinto. Deberá encontrar pautas más específicas si está buscando alojar a sus burros con otros equinos u otros animales, ya que sus necesidades son algo diferentes. Se requerirá una planificación más complicada para mantener seguros a todos los animales y al mismo tiempo satisfacer sus necesidades individuales.

Al decidir un plan para su refugio, considere su paisaje y el clima en su área. Esto determinará lo que necesitará incluir en sus diseños.

Una vez que haya decidido qué tan grande desea que sea la estructura, querrá escribir un plan simple con las medidas adecuadas para su recinto. El tamaño del espacio no solo dependerá del número de animales que tenga, sino del espacio abierto que tenga disponible en su propiedad.

Tener un buen plan hará que sea mucho más fácil encontrar lo que necesita en la ferretería, para que no se quede atascado haciendo múltiples viajes porque sigue olvidándose de algo. Necesitará herramientas como una línea de albañil, martillos, clavos y tornillos; un taladro eléctrico puede ser muy útil. Para la estructura en sí, necesitará:

- Postes de madera de tamaño adecuado para un marco

- Vigas de madera de tamaño adecuado para construir el marco de la pared lateral

- Madera para el techo

- Soportes de vigas

- Tejas

- Pegamento para tejas

- Clavos o tornillos

- Concreto (opcional, algunos construyen pisos de madera, ya que son mejores para las pezuñas)

- Encuadre de la puerta

- Aglomerado o láminas de madera para revestir las paredes enmarcadas y sellar el recinto

Para comenzar, necesitará cimientos. Es mejor si los cimientos del refugio están lo más nivelados posible con el terreno circundante. Es probable que desee excavar los cimientos para que, después de colocar la madera o el concreto, quede prácticamente a ras del suelo. Los cimientos son uno de los elementos más importantes del refugio, y se debe tener mucho cuidado para asegurarse de que la estructura esté en una base nivelada.

La mayoría de las personas miden sus cimientos usando una línea de albañil, ya que es una forma simple y efectiva de crear un espacio de tamaño uniforme. Algunas personas usan concreto para los cimientos, pero esto puede ser áspero para las pezuñas del burro, por lo que debe revestirse con tierra o heno. Otros harán un piso de madera (tenga cuidado de que no haya mucho espacio entre las tablas para que se atasque una pezuña), mientras que otros simplemente dejan el piso de tierra. Solo depende de su tierra y sus preferencias; solo desea asegurarse de que no estén de pie durante períodos prolongados de tiempo sobre superficies duras y rugosas.

Una vez que haya construido sus cimientos, es hora de construir un marco de postes para la estructura misma. Las estructuras con marcos de postes son más simples de construir que cualquier otro estilo, y son conocidas por ser resistentes y duraderas. También son más económicas de construir que muchos otros tipos de estructuras. Especialmente si no tiene muchas habilidades de construcción, esta es la estructura para usted.

Un marco de postes consta de postes de manera gruesos, resistentes y verticales que soportarán el peso de la estructura y, por lo tanto, deben estar firmemente arraigados en el suelo. Se recomienda que sus postes se coloquen alrededor de 2 pies (24 pulgadas) en el suelo para darles la fuerza que necesitan para sostener el techo sólidamente.

La mayoría de las maderas hechas para uso en exteriores han sido tratadas, y los burros muerden casi cualquier cosa, especialmente madera. Quiere asegurarse de restringir el acceso a cualquier madera tratada para asegurarse que el burro no se enferme.

Una vez que haya colocado en su lugar los postes principales que soportarán carga, usará trozos de madera horizontales para encuadrar el resto del refugio alrededor de su perímetro. Esto finalizará el marco básico del recinto y será el lugar donde pondrá las paredes y/o el revestimiento exterior del refugio. Este paso viene después de que los soportes del techo y las vigas estén en su lugar.

Entonces, naturalmente, a continuación, llegamos a los soportes del techo. Para mantener el techo en su posición y estable, necesitará vigas de techo. Deberá instalar soportes de vigas a lo largo del borde superior de su marco de madera en los lugares donde pondrá las vigas de madera. Una vez que los soportes estén en su lugar, podrá instalar las vigas de madera.

Al construir el techo, debe considerar la cantidad de nieve que recibe regularmente y asegurarse que el techo pueda soportar esa cantidad de peso. Si no está seguro de que pueda soportar el peso, es posible que deba salir y limpiar regularmente la nieve del techo, lo que puede ser una verdadera molestia.

Una vez que haya colocado las tablas y los materiales del techo, coloque las tejas, ya que esto evitará que la madera se pudra, y evitará que se expanda y contraiga excesivamente por los cambios de temperatura.

Antes de comenzar a apuntalar los lados y el interior de la estructura, debe considerar la puerta. Algunas personas tienen una puerta típica de establo en sus refugios. Esto está bien, pero quiere asegurarse de que la puerta sea lo suficientemente alta como para que el burro no pueda saltar sobre ella, y lo suficientemente corta como para que pueda ver por encima. Algunas personas simplemente no tienen una puerta, lo que le da al burro la libertad de salir y entrar cuando quiera. Si decide no tener una puerta, considere la dirección más común de donde proviene el viento, y coloque la puerta lo mejor posible en dirección opuesta al viento.

Muchas personas que han sido dueñas de burros por mucho tiempo afirman que sus animales prefieren el estilo abierto en lugar de tener una puerta de establo tradicional, pero esto solo depende de los animales y de las preferencias del dueño. Dado que los burros suelen preferir estar al aire libre en entornos naturales, puede ser más fácil no tener una puerta y permitirles elegir si quieren estar adentro o no. Sin embargo, la puerta del establo le permitirá controlar cuándo se encuentran dentro o fuera del refugio. Nuevamente, simplemente depende de lo que usted prefiera. El tamaño ideal de una puerta para el recinto de un burro mide 4 pies por 3 pies con 6 pulgadas.

Una vez que se haya tomado esta decisión, deberá colocar sus paredes exteriores. Puede usar tablas tratadas contra la intemperie si desea mantener toda la estructura en un estilo de tabla de listones, o puede revestir las paredes exteriores con el revestimiento de su elección. Una cosa a tener en cuenta es que sus animales no deben tener acceso a madera tratada, ya que pueden morder la madera. Muchos veterinarios argumentan que la madera tratada puede enfermar a los animales.

Deberá apuntalar el interior de la estructura para mantener a los animales alejados de la madera tratada, y tener un lugar para colocar los recipientes para comida y agua. Muchas personas simplemente recubren el interior de la estructura con láminas de aglomerado para proporcionar un aspecto más acabado y evitar que los animales muerdan las tablas y los postes tratados.

La ventilación y el flujo de aire también son importantes, por lo que algunas personas dejan un poco de espacio entre los cimientos y las paredes de la estructura para permitir que el aire fluya más fácilmente a través del refugio. También puede dejar un poco de espacio entre las tablas en las paredes si elige no revestir la estructura, pero quiere asegurarse de que no sea lo suficientemente ancha para que las pezuñas de un animal queden atrapadas entre las tablas.

Algunos utilizan extractores de aire con contraventanas con cerradura como método de ventilación, y esta es una excelente opción, especialmente si tiene una gran cantidad de animales. La humedad puede salirse de control rápidamente en un recinto mal ventilado, lo que puede hacer que los animales se enfermen.

Otros Elementos del Refugio

En la naturaleza, los burros pastan con la cabeza gacha, por lo que comer del suelo es su forma natural de alimentarse. Un comedero a nivel del suelo para heno suplementario es una excelente manera de proporcionar forraje a los animales mientras siguen usando su modo natural de alimentación. El Donkey Sanctuary recomienda un comedero que mida aproximadamente 2 pies de ancho por 3 pies por 2 pies con 3 pulgadas de profundidad.

Sus animales siempre necesitarán un fácil acceso al forraje en el invierno y agua limpia.

Anteriormente mencionamos brevemente que muchos revestían el piso del refugio con algún tipo de lecho. Es importante que se utilice paja limpia y que el material sea resistente al agua o se cambie con frecuencia. Los burros pueden enfermarse si se les deja con paja podrida o demasiado húmeda, por lo que es crucial limpiar el recinto con regularidad y reemplazar la paja; de lo contrario, los animales pueden enfermarse.

Algunas personas usan virutas de madera como cobertura, pero la mayoría está de acuerdo en que la paja es la mejor opción. Hay productos que puede comprar que ayudarán a reducir la humedad, como Stall Dry o PD2 dulce.

La iluminación también puede ser una consideración. Dado que la mayoría de los refugios para burros tienen un lado abierto, esto no suele ser un problema, pero en ciertas áreas o con ciertos tipos de recintos, puede oscurecerse bastante en ellos, y a los burros no les gusta que los mantengan en la oscuridad. Si es así, deberá proporcionar iluminación adicional. Asegúrese de que todos los cables se mantengan fuera del alcance de los animales, y de que se instalen protectores en todas las luces que puedan alcanzar.

Cuidado de los Burros en Invierno

Antes de sumergirnos en el cuidado de los burros en invierno, debemos hacer un comentario acerca de los refugios en el verano. Aunque los burros prefieren permanecer al aire libre, pueden buscar refugio en los días que son increíblemente calurosos y soleados para evitar la deshidratación o el agotamiento por calor. Deben tener acceso a un refugio durante todo el año y siempre tener fácil acceso a agua potable. Si opta por utilizar ventiladores evaporativos, asegúrese de que todos los cables estén seguros y fuera del alcance del burro, porque también tratarán de morderlos.

Algunas personas colocarán ventiladores evaporativos en el refugio durante el verano para ayudar a mantener frescos a sus animales, o manguerearán a los burros con agua en días particularmente calurosos. Si usa cualquiera de estas opciones en el refugio, recuerde que esto hará que el recubrimiento se humedezca. Esto puede causar que crezcan bacterias y hongos, y tendrá que reemplazarse después de cada nebulización o manguereo.

Ahora en invierno. Si vive en un área fría, es posible que desee aislar el refugio para ayudar a proteger a los animales del frío y viento intensos. Si nota alguna condensación en la estructura, es una señal de que no tiene una ventilación adecuada, y deberá abordar esto, ya que la humedad puede causar una serie de problemas diferentes a los burros.

Al igual que en cualquier época del año, los burros en invierno deberán recibir alimentos y agua suplementarios adecuados. No se recomienda mantener el recinto a más de 50 grados. El agua, naturalmente, es propensa a congelarse en el invierno, por lo que deberá asegurarse de que el agua que deja para los burros no se enfríe tanto para que se congele y se vuelva inaccesible para los animales.

Algunas personas utilizan un sistema de calentamiento de agua automático para mantener el agua libre de hielo.

También deberá suministrar al animal un equilibrador de vitaminas y minerales o una lamida de sal mineral.

Si solo tiene unos pocos animales, trate de mantener el espacio adecuado para esa cantidad, ya que será mucho más difícil mantener un recinto demasiado grande lo suficientemente abrigado durante los meses de invierno para proteger a los animales.

Para aquellos que viven en áreas que tienen inviernos muy fríos, puede ser necesario tener alfombras de burro y cubiertas protectoras para las orejas para asegurarse de protegerlos del frío. Si los usa, deberá quitárselas a diario para cepillar al animal y cambiarlas a menudo si se ensucia o se moja. Es más probable que los animales mayores y con bajo peso necesiten esta protección adicional.

Se recomienda estar preparando para el invierno colocando un suministro de heno y cubierta adicional para asegurarse de tener lo necesario para los fríos meses que se avecinan. Antes de que el clima se enfríe, es un buen momento para asegurarse de que sus animales estén al día con las vacunas, que les revisen los dientes, y que un herrador los visite, o que usted mismo revise y recorte las pezuñas si tiene la habilidad y herramientas adecuadas.

La dermatofilosis y la fiebre del fango son dos afecciones comunes que pueden afectar a los burros durante el invierno, especialmente si el burro no tiene acceso a un ambiente seco. La dermatofilosis generalmente afecta el hombro, el lomo y la rabadilla. La fiebre del fango afecta las extremidades inferiores.

Consideraciones del Espacio al Aire Libre

Los burros son conocidos por alejarse de su territorio de origen, por lo que la cerca es un elemento importante para asegurarse de no tener un montón de burros que escapan y que tenga que buscar y regresar. Los espacios cerrados funcionan mejor, y por lo general, la mayoría de los pastizales se encuentran cercados. La madera es una buena cerca, pero como ya hemos mencionado en múltiples ocasiones, es probable que los burros muerdan el material, por lo que, si usa madera, a menudo tendrá que reemplazarse o repararse. La cerca debe tener al menos 4 pies de altura, para que los burros no puedan saltarla.

Se recomiendan inspecciones regulares para asegurarse de que su cerca se mantenga en buen estado, especialmente si está hecha de madera.

Deberá considerar el tipo de vegetación en su tierra, ya que hay plantas que se sabe que son tóxicas para los burros. Quite cualquier planta venenosa de su área de pastoreo, o evite que los burros accedan a esa área. Su departamento local de agricultura puede señalarle si debe retirar de su propiedad algunas plantas nativas venenosas antes de dejar que los burros puedan pastar.

No debe dejar pastar a los burros en hierba de alfalfa, ya que es un alimento rico en nutrientes, y los burros evolucionaron para sobrevivir con forrajes pobres en nutrientes. La alfalfa es notablemente alta en ciertos nutrientes que los burros no están acostumbrados a consumir en tales cantidades, y esto puede llevar a malestares estomacales u otros problemas gastrointestinales.

Los burros, como hemos mencionado en un par de ocasiones, no pueden tener cambios repentinos en su fuente de alimento. Esto dará lugar a problemas gastrointestinales. Cualquier alimento o forraje nuevo tendrá que ser introducido lentamente, generalmente durante un par de semanas, para permitirles adaptarse a la nueva fuente de alimento.

Deberá proporcionar numerosos lugares para acceder a agua potable, y si su pastizal es grande, deberá colocar abrevaderos en varios lugares alrededor de la propiedad.

El barro es algo a lo que también deberá estar atento. Los burros que son dejados en áreas embarradas pueden desarrollar una variedad de problemas en las patas, por lo que deben pasar la mayor parte del tiempo en tierra seca.

Muchas personas usan descongelantes u otros productos basados en sales para reducir el hielo durante el invierno, pero no se recomienda su uso alrededor de burros. La sal se acumulará en las superficies, y esto puede causar problemas con sus pezuñas.

Si sus animales reciben gran parte de sus calorías del propio pastizal y no de la alimentación suplementaria, es importante dejar ciertas secciones en barbecho. Esto asegurará que se pueda regenerar después de un pastoreo significativo; de lo contrario, la tierra se agotará rápidamente y no permitirá el crecimiento de forrajes.

Capítulo 5: Alimentando a Sus Burros

A pesar de que los burros son una especie de equino, tienen necesidades nutricionales muy diferentes a las de los caballos u otros equinos. Debido al entorno en el que evolucionaron, están acostumbrados a una dieta de forraje pobre en nutrientes, y los alimentos ricos en nutrientes causarán cólicos, malestar estomacal, y potencialmente una serie de otros problemas gastrointestinales. Es por eso que debe comprender profundamente las necesidades nutricionales de estos animales para poder proporcionarles el alimento adecuado para sus necesidades.

Hábitos Alimenticios del Burro

En su entorno natural, los burros son rumiantes. Esto significa que buscarán una pequeña cantidad de forraje a menudo durante el día. Consumen aproximadamente un 1,3-1,8% de su masa corporal diariamente en forraje. No están acostumbrados, ni tampoco destinados, a comer en grandes cantidades. Estos animales comerán en exceso, lo que puede llevar a una gran cantidad de problemas, por lo que deberá controlar su acceso a forraje adicional. El pastoreo restringido también es un medio para ayudar a controlar la cantidad de comida que el animal consume en un momento dado. Hay muchos tipos diferentes de forraje suplementario que puede dar a los burros, que examinaremos a continuación. Aun así, el Donkey Sanctuary recomienda la paja de cebada como la mejor fuente de nutrición suplementaria.

Si alguno de sus burros está enfermo o bajo de peso, necesitará forraje con un alto contenido de fibra, y es posible que desee considerar complementar su forraje con vitaminas.

Para aquellos con pastos decentes, los burros necesitarán poca alimentación suplementaria durante el verano, pero si su tierra es pobre, se necesitará más.

Como hemos señalado en numerosas ocasiones, los burros comen en exceso. Un burro sobrealimentado es más propenso a problemas como laminitis e hiperlipemia. Estas pueden ser afecciones graves y es una prueba más de la necesidad de controlar la cantidad de comida a la que tienen acceso.

La paja de cebada, como mencionamos anteriormente, es la mejor fuente de nutrición suplementaria para los burros, ya que es baja en azúcar y alta en fibra. Se puede usar paja de avena y en realidad puede ser preferible para burros enfermos o con bajo peso, ya que es más rica en nutrientes que la paja de cebada. Tenga cuidado al alimentar con paja de avena a animales sanos, ya que pueden comer en exceso.

Los animales más jóvenes o aquellos con dientes fuertes pueden comer paja de trigo, pero no se recomienda para animales mayores o aquellos con dientes deficientes. La paja de trigo tiene menos nutrientes que los otros tipos de paja que hemos discutido, por lo que no es ideal. Deberá evitar completamente la paja de linaza. Los animales pueden comerse la paja con seguridad, las semillas son venenosas, y es casi imposible asegurarse de que no haya semillas en la paja de linaza. Puede hervirse para ayudar a reducir la toxicidad de las semillas, pero nuevamente, aún puede causar problemas que llevan a muchos a evitar completamente este tipo de paja.

El heno también puede usarse como alimento suplementario además de ser una excelente cubierta para un recinto de burros. Al igual que la paja, los diferentes tipos de heno son más o menos adecuados para los burros. Asegúrese de que cualquier heno usado como alimento o cubierta esté libre de humedad y de crecimiento de hongos.

Los siguientes son los tipos más comunes de heno:

- Heno de pradera - se compone de una mezcla de pastos naturales, y es seguro de usar como alimento.

- Heno de semillas - generalmente se hace con centeno o hierba timotea y se refiere a los tallos que quedan después de recolectar las semillas. También es adecuado para ser usado como alimento suplementario.

- Heno de pastos para vacas - dado que este heno tiende a ser rico en nutrientes, no es la mejor fuente de alimento suplementario para burros.

La hierba de Santiago se puede encontrar en muchos tipos diferentes de heno, y es venenosa para los equinos. Es por eso que debe tener una fuente de heno confiable y de calidad.

Muchas personas cultivan su propio heno, ya que no es demasiado difícil, y puede tener más sentido financiero que comprarlo a un tercero. La mayoría de las veces, los cultivos de heno se cosechan entre finales de mayo y julio. Aunque se puede cosechar más tarde, mientras más tarde se coseche, menor será el valor nutricional del heno. Una vez que el heno es cosechado, será necesario mantenerlo en un espacio seco y bien ventilado durante al menos tres meses.

El heno recién cortado no debe ser dado a los burros, ya que puede causar malestares estomacales como cólicos. El heno se considera listo para usar cuando alcanza el 85% de sequedad.

El ensilaje es otra fuente de alimento suplementario que a veces se da a los burros. El ensilaje es pasto parcialmente marchito que ha sido secado, pero no al nivel al que el heno es secado. Generalmente, el ensilaje tiene una sequedad de 55-65%. Para hacer ensilaje, una vez que embala la hierba, deberá sellarla con un plástico fuerte que no se rasgue. Si hay rasgaduras en el plástico, se puede desarrollar un moho peligroso en solo unos días, arruinando la cosecha para su uso con burros y la mayoría de los demás animales de ganado.

Nunca alimente a los burros con ensilaje (pasto u otro forraje verde compactado y almacenado en condiciones herméticas, generalmente en un silo, sin haber sido secado en primer lugar, y usado como alimento para animales en el invierno), ya que tiene un nivel demasiado alto de humedad y es demasiado bajo en fibra para ser un alimento adecuado para estos animales.

Si no tiene una buena fuente de heno o ensilaje, los gránulos ricos en fibra son otra forma de complementar la dieta de su burro. También puede ser preferible su uso con animales con laminitis o que necesiten aumentar de peso. Dado que son mucho más nutritivos que el forraje natural o el heno, deberá darles a los animales pequeñas cantidades a la vez, para que no coman en exceso.

Si está alimentando a un burro con mala dentadura, remojar los gránulos en agua los ablandará y hará que sean más fáciles de comer. Deberá evitar gránulos de fuentes mixtas, ya que pueden tener un alto contenido de cereales, los que no son buenos para los burros y no proporcionan su nutrición ideal.

Ahora, consideremos una sustancia llamada *tamo*, que puede usarse como fuente suplementaria de alimento. El tamo es una mezcla de paja y heno picado y a menudo se le agregan aceites u otras vitaminas y animales suplementarios. Los animales con mala dentadura o que tienen problemas para comer paja pueden encontrar que esta es una fuente de alimento preferible que les resulta más fácil de manejar. También es una buena opción de alimentación complementaria para burros que sufren de laminitis.

El tamo debe tener un contenido de azúcar de menos del 8%, y a menudo su empaquetado dirá que es seguro para laminitis.

Burros viejos o enfermos pueden beneficiarse de la alimentación suplementaria de pequeñas cantidades de pulpa de remolacha azucarera seca, que es un subproducto del proceso de producción de azúcar. No es un sustituto del heno ni de otros alimentos suplementarios, pero es una excelente fuente de fibra y es más nutritiva que el heno o la paja.

La pulpa de remolacha azucarera tiende a venir triturada y no debe administrarse directamente a los animales. Debe remojarse antes de que sea segura de administrar a sus burros. La mayoría de las veces deberá ser remojada por alrededor de 24 horas, pero ahora hay variedades que ofrecen un método de remojo rápido. Algunas variedades modernas de remojo rápido pueden estar listas para comer en tan solo diez minutos. Los medios adecuados de remojo se mencionan en las instrucciones del fabricante.

Alimento Adicional para Burros

Algunas personas dan a sus animales algunas frutas y verduras como suplemento a su dieta. Esta no es solo una gran forma de darles algo de variedad a los animales, sino que también se sabe que ayuda a estimular el apetito en los animales que pueden tener problemas para comer. Las frutas y verduras se suelen dar en invierno, pero son un tratamiento adecuado en cualquier época del año. El final del invierno y principios de la primavera son "épocas de escasez" para las fuentes de heno y otros forrajes suplementarios, por lo que esta es una buena manera de mantener a los animales sanos y satisfechos, incluso si no se dispone fácilmente de heno o paja.

No debe darles a los animales frutas de hueso (frutas con una semilla grande), papas, ajo o cualquier tipo de producto en mal estado. A los burros les gustan las cosas como zanahorias, manzanas, plátanos, peras y nabos. El producto debe cortarse en trozos pequeños para que sea más fácil de manejar para el burro.

Un Comentario Sobre las Vitaminas y Minerales

Si sus animales subsisten total o principalmente con pastos naturales, es posible que no estén obteniendo todas las vitaminas y minerales que necesitan para una salud óptima. Los suplementos de vitaminas y minerales, a menudo llamados *equilibradores,* son un excelente medio para proporcionar los nutrientes que pueden carecer en su dieta diaria.

Algunas personas prefieren usar bloques mineralizados para proporcionar las vitaminas y los nutrientes suplementarios necesarios, pero es crucial que no obtenga un bloque mineral para caballos. Los caballos tienen necesidades nutricionales bastante diferentes, y estos bloques pueden contener sustancias tóxicas o inadecuadas para los burros. Hay bloques minerales hechos especialmente para burros, que se utilizan si esta es la forma de suplemento de vitaminas y minerales que usted elige.

Para animales que necesitan perder peso o mantener su peso corporal actual, existen varios suplementos recomendados por Donkey Sanctuary para este propósito. TopSpec Donkey Forage Balancer es altamente recomendado. Si se trata de animales preñados, viejos o enfermos, los productos como TopSpec Comprehensive Balancer son una excelente opción.

Conclusiones Finales Sobre la Alimentación.

Para alimentar a sus burros, se deben respetar los siguientes lineamientos:

- Todos los alimentos deben estar libres de moho y hongos.
- Alimente a los animales con los alimentos adecuados para sus necesidades nutricionales.

- Alimente a los animales en pequeñas cantidades, con regularidad, y controle la cantidad de comida a la que tienen acceso.

- Cualquier cambio en la dieta debe realizarse lentamente, generalmente durante un período de 7 a 14 días.

- Evite los alimentos con alto contenido de azúcar.

- Asegúrese de que los suplementos nutricionales sean adecuados para burros y que estén disponibles fácilmente.

- Nunca alimente a sus burros con pasto cortado.

Hemos recalcado varias veces y volveremos a recalcar que, si bien los burros son equinos, no son caballos. Tienen necesidades y requerimientos bastante diferentes, y algunas cosas que son seguras y adecuadas para caballos no lo son para burros. Nunca asuma que está bien usar en burros algo pensado para caballos. Por ejemplo, los caballos comen alimentos ricos en nutrientes que, si se dan a los burros, pueden provocar cólicos y otros problemas gastrointestinales.

Los suplementos alimenticios para caballos tampoco son adecuados para burros, ya que a menudo contienen nutrientes en niveles más altos que los adecuados para burros, y pueden contener sustancias nocivas para ellos.

Parte de su adaptación física a su entorno, y lo que los hace tan populares en climas duros, es su habilidad para subsistir con alimentos escasos y bajos en nutrientes, lo que es bastante diferente de lo que necesita un caballo. A los burros les lleva más tiempo digerir su comida que a otros animales, incluidos los caballos, ya que esto les permite obtener el mayor valor nutricional posible de su alimento.

Los burros, a diferencia de los ponis y caballos, pueden reciclar nitrógeno, lo que es una adaptación única a un entorno bajo en nutrientes. En los caballos, el nitrógeno es expulsado en forma de urea por los riñones y liberado del cuerpo a través de la orina. Los burros pueden reabsorber la urea, lo que les permite reutilizar el nitrógeno. Este proceso está regulado naturalmente en respuesta a la cantidad de nitrógeno disponible en su suministro de alimentos, y a la cantidad de proteínas que están obteniendo.

Los requerimientos de proteína cruda son mucho menores para los burros que para los caballos. Un burro solo necesita una ingesta diaria de aproximadamente 3,8-7,4% de proteína cruda, mientras que un caballo requiere entre 8-12%. Este dato por sí solo muestra que lo que es bueno para un caballo, puede no serlo para un burro y viceversa.

Los burros se alimentan de algo más que pasto, lo que puede convertirse en una frustración para las personas que tienen muchos árboles o arbustos en sus pastizales. Los burros comen árboles, arbustos, plantas con flores y, bueno, prácticamente cualquier vegetación que pueda estar creciendo en su tierra. Si el forraje es limitado, pero otros tipos de materia vegetal no lo son, un burro puede destruir rápidamente el resto de la vegetación.

Algunas personas proporcionan zarzas o arbustos para que el burro coma para así evitar que destruya los árboles circundantes u otra vegetación deseable, y puede ser un elemento disuasivo efectivo.

En general, con la dieta de un burro, los alimentos ricos en fibra y bajos en azúcar son los más importantes. Algunos animales obtienen la mayor parte de su nutrición del ramoneo, y necesitan realmente pocos suplementos en su dieta. Otros que se alojan en terrenos con escaso forraje o pastos pueden depender en gran medida o incluso completamente de paja u otras formas de alimentos suplementarios.

Los pastos son ideales, ya que son más afines a su entorno natural. Les permite pastar lentamente y los hace menos propensos a comer en exceso que los animales alimentados principalmente con heno o paja suplementarios. Los animales de pastoreo también hacen más ejercicio, y esto es vital para mantenerlos saludables y que mantengan un peso adecuado. Ya sea que se alimenten exclusivamente de heno o paja, forraje, o una combinación de ambos, proporcione la cantidad adecuada de vitaminas y minerales suplementarios para garantizar que obtengan una dieta completamente equilibrada que cumpla con todos sus requisitos nutricionales.

Es increíblemente importante, y por eso lo repetimos, entender que los burros han evolucionado para consumir alimentos de bajo contenido nutricional. Sus sistemas digestivos incluso están diseñados con este propósito, permitiéndoles obtener toda la cantidad posible de nutrición del forraje de mala calidad que consumen. Esto puede ser una preocupación para la tierra que ha sido mejorada, ya que puede producir pastos de mejor calidad de los que los burros están acostumbrados a consumir.

Si su propiedad tiene forraje con un valor nutricional demasiado alto para los burros, una forma de acomodar a los animales es dejar que la hierba produzca semillas antes de permitir que los burros se alimenten de ella. Esto reduce la calidad nutricional de los pastos, lo que facilita que los animales tengan una correcta digestión. También puede considerar sembrar la tierra con pastos con menos nutrientes que sean más adecuados para las necesidades de los burros.

Capítulo 6: Entrenando a Sus Burros

Los burros son conocidos por ser tercos, pero esta no es una crítica demasiado justa. Los burros son animales cautelosos a los que les gusta pensar en lo que hacen antes de hacerlo. Esto significa que puede llevarles más tiempo aprender ciertos comportamientos o habilidades, pero esto no debe verse como el animal siendo obstinado. Necesitan tiempo para comprender qué se les está pidiendo que hagan y cómo hacerlo. Sin embargo, si bien puede llevarles un poco más de tiempo aprender una habilidad o comportamiento, es más probable que lo recuerden y lo retengan que un caballo. Básicamente, esto significa que no tendrá que seguir trabajando con el burro en la misma habilidad durante tanto tiempo como lo haría con un caballo.

Comprender cómo aprenden sus burros le ayudará mejor a desarrollar una rutina de entrenamiento que tenga sentido para el animal que está entrenando y que tenga mayores probabilidades de éxito.

Se emplearán diferentes tipos de entrenamiento dependiendo de para qué planea utilizar los animales. Es mejor comenzar con un entrenamiento general o básico, y luego pasar a movimientos y maniobras más difíciles.

Entrenamiento Básico

Aunque no siempre es posible, es mejor entrenar a los burros como pollinos. Cuanto antes pueda comenzar la capacitación, más fácil será desarrollar el vínculo con ellos que es necesario para que sigan sus órdenes y ejecuten ciertas tareas. Quiere dejar una huella en el pollino. Esto significa que conocen su presencia física, olor, sonido y tacto cuando es posible hacerlo. Cuanto antes se pueda desarrollar un vínculo, más fácil será entrenar a su burro más tarde.

A veces, sin embargo, la hembra no se siente del todo cómoda con que alguien entre y manipule a su pollino. Si es así, es posible que deba socializar a la hembra antes de poder acercarse al pollino. Ella necesita estar lo suficientemente cómoda con usted para permitir que se acerque a su pollino sin causarle un estrés indebido o volverla agresiva.

Incluso si no está comenzando con un pollino, la socialización es una parte importante de cualquier rutina de entrenamiento. El animal necesita confiar en usted, y ambos necesitan conocerse lo suficientemente bien como para recibir señales verbales y no verbales el uno del otro. Mientras más tiempo pase con los animales, mejor será el vínculo. El proceso de socialización (pasar tiempo con el animal, permitirle acostumbrarse a su olor, hablar con el animal y manipular al animal), será el mismo, ya sea que esté trabajando con un pollino o con un animal adulto. Solo debe saber que cuanto más viejo sea el animal, más tiempo llevará socializarlo.

Hay varias formas en que las personas entrenan burros, pero la forma más efectiva es mediante el reforzamiento positivo. Este reforzamiento utiliza recompensas positivas en lugar de acciones negativas o castigos. Se han estudiado durante mucho tiempo diferentes tipos de reforzamiento, y la ciencia ha demostrado que este es uno de los medios más efectivos de enseñar nuevas habilidades a los burros. Responden mucho mejor a las recompensas que a la eliminación de algo desagradable (como en un reforzamiento negativo) o un castigo.

Todos los burros son criaturas únicas y aprenden de formas ligeramente diferentes, por lo que, si bien el reforzamiento positivo es la forma más utilizada y más efectiva para entrenar burros, con ciertos animales, puede ser necesario un modo diferente de reforzamiento.

Con el reforzamiento positivo, usted esencialmente le está ofreciendo al animal una recompensa por seguir una orden o solicitud. Es más probable que el animal actúe si sabe que el resultado es algo que le gusta.

La mayoría de las veces, los premios, a veces combinados con un clicker, son usados como recompensa en un programa de reforzamiento positivo. Si bien el alimento funciona mejor, algunos animales responderán bien a los elogios físicos, y, por lo tanto, es posible que no necesiten premios para aprender ciertas habilidades. Es posible que obtenga mejores resultados si sigue la ruta de los premios.

El reforzamiento positivo tiene numerosos beneficios. Además de ser una forma probada y efectiva de enseñar nuevas habilidades a un animal, también ayudará a fortalecer su vínculo con el animal, lo que ayudará en el entrenamiento posterior.

Antes de pasar a los modos específicos de entrenamiento, examinemos rápidamente los otros tipos de reforzamiento que pueden emplearse en el entrenamiento de burros.

Reforzamiento Negativo

Este tipo de reforzamiento a menudo se denomina proceso de Doma Natural y busca entrenar a los animales usando sus instintos y modos de comunicación naturales básicos. El dolor no se usa en este tipo de reforzamiento, pero sí el malestar. Por ejemplo, se puede utilizar una presión desagradable, seguida de la liberación de dicha presión cuando el animal realiza la tarea realizada.

Esto, como lo indica el nombre alternativo, funciona decentemente con caballos que son bien conocidos por realizar una tarea para aliviar la presión desagradable. Tiene menos éxito con burros, pero es posible que se encuentre con ciertos animales que responderán mejor a este modo de reforzamiento. A los caballos les va mejor con la comunicación no verbal que a los burros, por lo que es poco probable que los burros respondan a esto tan bien como lo haría un caballo.

Extinción

No pasaremos mucho tiempo en este programa de reforzamiento, ya que su uso con burros no se recomienda. La idea básica es extinguir un comportamiento no deseado mediante la eliminación de un estímulo particular

Castigo

Este es el medio menos efectivo para adiestrar un burro, y muchos lo evitan porque puede considerarse cruel. Como lo indica el nombre de este programa, el castigo implica la introducción de algo desagradable si el animal no realiza el comportamiento deseado. La mayoría de las personas evitan este tipo de reforzamiento con todos los equinos, pero especialmente con los burros, donde tener un vínculo estrecho y positivo con el entrenador es vital para el éxito de sus esfuerzos de entrenamiento.

Estos programas de entrenamiento y los medios que siguen para enseñar a los burros que siguen dependen de los dos tipos principales de condicionamiento animal: condicionamiento clásico y condicionamiento operante. El condicionamiento clásico implica que los animales aprenden a hacer asociaciones entre un estímulo particular y su respuesta. El condicionamiento operante se basa más en prueba y error. El animal aprende que la conducta "x" va seguida de la respuesta "y", y a través de ella, aprenderá los medios más efectivos para lograr el resultado deseado.

Independientemente del tipo de refuerzo que emplee, el programa de reforzamiento es muy importante. Por lo general, el programa de reforzamiento se aplicará cada vez que el animal realiza una acción o cada cierto número de veces que el animal realiza la acción. El entrenamiento tiende a funcionar mejor cuando las recompensas siguen a la finalización de cada tarea en lugar de un reforzamiento intermitente. Puede ser más difícil para un burro adquirir una habilidad con ese programa.

También debemos señalar que la edad, el temperamento y la salud del animal tendrán un efecto profundo en la efectividad del entrenamiento. El sexo del animal también puede influir. Estas cosas le ayudarán a determinar qué puede esperar de un animal determinado y la mejor manera de lograr los resultados deseados.

Como probablemente se entiende, los animales viejos no aprenden tan rápido y no aprenderán tanto como los animales más jóvenes. Esto no significa que no puedan o no deban ser entrenados, pero esto debería alterar sus expectativas del animal. Las hembras en celo o los machos intactos deberán manejarse de manera muy diferente a un pollino o un burro castrado.

Como los humanos y la mayoría de las otras criaturas, los burros construyen y fortalecen las conexiones neuronales a medida que desarrollan una nueva habilidad. Aprender algo nuevo es más difícil para cualquiera y toma más tiempo, ya que no se ha desarrollado ninguna conexión. Por el contrario, una habilidad basada en una habilidad más simple que el animal ha conocido desde siempre se adquirirá mucho más rápidamente que un comportamiento completamente nuevo.

Hemos notado anteriormente en esta guía que los burros no tienen una respuesta de huida tan fuerte como la de los caballos. Esto significa que, aunque puede tomar más tiempo entrenar a un burro, en realidad puede ser más fácil que entrenar a un caballo, que naturalmente está asustado y tiene una fuerte respuesta de huida.

Antes de comenzar cualquier rutina de entrenamiento, debe tener un plan establecido con objetivos claramente definidos. Esto ayudará a asegurar que sus sesiones de entrenamiento sean más fructíferas y efectivas. Ninguno de los expertos cree que sea una buena idea "improvisar" para entrenar a cualquier animal, y esto es particularmente cierto para los burros.

Finalmente, hablemos del equipamiento. Todos los burros tienen diferentes tamaños y proporciones. Es imperativo que use equipo que se adapte adecuadamente al animal específico. El equipo destinado a los caballos a menudo será demasiado grande o demasiado pesado para ser usado con burros. Debe elegir una montura o una brida que se adapte lo mejor posible al animal. Aunque es costoso, si puede permitírselo, tener una silla de montar o un arnés personalizado es una gran idea.

Órdenes Verbales Generales

La manera más efectiva de comunicarse con su burro es mediante el uso de un lenguaje breve y claro. Esto les ayudará a comprender lo que les está pidiendo que hagan. Puede crear sus propias órdenes verbales cortas, pero las siguientes son algunas de las más utilizadas.

- Whoa - significa detenerse
- Stand - ponerse de pie
- Step - este es el comando para que el animal comience a caminar
- Trot - caminar a un ritmo más rápido
- Back up - retroceder

- Gee - virar a la derecha

- Haw - virar a la izquierda

- Canter - galopar

- Easy - es decirle al animal que vaya más lento

Como mencionamos, no es necesario utilizar estas órdenes estándar, y la mayoría de los entrenadores tienen sus propias formas de crear órdenes. Sea lo que sea que elija, las órdenes cortas de una sola palabra son las más fáciles de aprender para el animal y, por lo tanto, más efectivas.

Cabestrar y Guiar

Esta es una de las habilidades más básicas para enseñarle a su burro, ya que será necesaria para varias tareas. El primer paso es acostumbrar al animal a usar un cabestro. Puede aclimatar al animal al cabestro dejándole que lo use por un tiempo, lo que le permitirá sentirse cómodo con algo desconocido en el lomo. Esto puede llevar algunos días, pero una vez que el animal pueda usar el cabestro sin problemas, podrá pasar al siguiente paso en el proceso de entrenamiento.

Una vez que el burro se sienta cómodo con el arnés, querrá entrenar al animal para que sea guiado o camine con una cuerda y siga órdenes verbales bastante simples. Primero, deberá ponerle la correa al animal y dejar que se acostumbre como lo hizo con el arnés. Ate la correa a algo como una cerca. Deje que el animal permanezca allí durante unos 10-15 minutos y luego regrese y desate la correa de lo que sea que estuviera amarrado.

Deles palabras de aliento y fíjese si se mueven en su dirección (o si se mueven en cualquier dirección). Incluso si solo dan un paso, deles elogios verbales y físicos junto a un premio que disfruten. Si el burro no se mueve, vuelva a atar la correa al soporte y vuelva en 15 minutos e intente el mismo proceso.

Puede ser un proceso lento que requiere tiempo y algunos premios, pero esta es una forma demostrada y efectiva de acostumbrarlos a ser guiados. Cada paso adelante es un paso adelante, y significa que está más cerca de pasar a un entrenamiento más complejo. Siempre ofrezca premios y elogios cada vez que se haya logrado cualquier tipo de progreso, por más mínimo que sea.

Llame al animal cuando quiera que se acerque a usted y recompense cada paso que dé en su dirección. Una vez que consiga que el burro se acerque hacia usted, puede llevarlo a caminar, pero recuerde llevar muchos premios para recompensar su progreso. Puede parecer un soborno, y en realidad, lo es; pero también es efectivo, ¡*así que soborno es*!

A veces, los objetos desconocidos harán que el animal se sobresalte o se asuste, y necesitan que se les asegure de que no hay nada que temer antes de intentar que se aleje de lo que lo asustó. Consuélelo e intente mostrarle que no hay peligro en cualquiera que sea el objeto desconocido. La comunicación es vital cuando se trata del entrenamiento exitoso de burros.

Cuando el animal haya desarrollado cierta confianza y sea bueno para que lo lleven a pasear, querrá introducir algunos obstáculos simples como troncos o neumáticos. Esto le enseñará al burro cómo caminar o maniobrar sobre los obstáculos que puedan estar en su camino. Probablemente serán reacios al principio, pero con persuasión y elogios, ganarán confianza y superarán dichos obstáculos.

Deberá presentarle lentamente al animal movimientos más complicados como retroceder o darse la vuelta una vez que el animal se sienta cómodo y confiado con los obstáculos. Es importante que no intente avanzar en este proceso demasiado rápido, ya que es posible que no tenga tanto éxito como si mostrara paciencia.

Los expertos en entrenamiento de burros recomiendan aproximadamente un año de este tipo de adiestramiento antes de intentar montar o arrastrar cosas con el animal. El animal necesita mucha práctica, y necesita desarrollar una relación cercana y positiva con su entrenador. Esto significa que además de trabajar en el desarrollo de habilidades, también desarrollará un vínculo emocional con el animal, donde ambos aprenden el estilo de comunicación del otro, lo que, a su vez, facilitará la enseñanza de otras habilidades al animal.

Conducción

El entrenamiento se vuelve más complejo cuando adiestra al burro mientras conduce. Esta complejidad es la razón por la que debería desarrollar una relación positiva y una comunicación efectiva con el animal antes de pasar a los elementos más complejos del entrenamiento. Para aprender a conducir, el animal debe aprender a quedarse quieto y a responder a órdenes verbales básicas.

Los burros aprenden de diversas formas, y parte de cómo pueden aclimatarse y sentirse cómodos con una nueva habilidad es ver a otros animales realizar dicha habilidad. Puede parecer un poco extraño, pero esto ayudará al burro a acostumbrarse a que esto es algo normal y que no debe asustarse.

Y el animal también tendrá que acostumbrarse a usar una brida, y la mejor manera de hacerlo es aclimatarlos a ella de la misma manera que los acostumbró a usar un arnés. Simplemente póngale la brida durante períodos de tiempo, para que se acostumbren a tenerla. También deberán aclimatarse con las largas riendas que se utilizan para guiar al animal y a un látigo guía. Notaremos aquí y en otros lugares que el látigo debe usarse como guía, no como castigo. No debe golpear al animal con fuerza con el látigo, incluso si no está siguiendo sus órdenes. Use presión firme, pero suave, cuando use el látigo.

Deje el carro del animal en algún lugar de su propiedad donde él va habitualmente; esta es una buena manera de que se acostumbren a verlo y, por lo tanto, será menos probable que le tema cuando se lo presente. Algunas personas dejarán el carro en algún lugar y recompensarán al burro si lo ven investigando el carro. Esto ayudará al burro a desarrollar una asociación positiva con el carro.

Si usted es nuevo en el entrenamiento de burros, debe tener a alguien con experiencia con usted la primera vez que enganche a su burro a un carro. Debe asegurarse de que esté bien enganchado, y puede ser un poco complicado la primera vez que lo hace. Todo el equipo utilizado debe ser del tamaño adecuado para el burro y que el carro esté debidamente asegurado para evitar lastimar al animal o a usted mismo. A menudo, las personas traerán ayuda externa de alguien que haya enseñado con éxito a los burros a conducir para tener una idea de cómo funciona el proceso y el mejor curso de acción para entrenar a los animales en esta habilidad.

Una vez que el animal se sienta cómodo al estar enganchado a un carro, acostúmbrelo a tener el carro enganchado. Si es posible, lleve al animal a una caminata corta y guiada con un carro vacío. Cuando el animal se sienta cómodo siendo guiado con un carro vacío, agregue algo de peso para que también se acostumbre a tirar.

Una vez que haya logrado que el animal se sienta cómodo al estar enganchado a un carro con algo de peso, deberá comenzar a entrenar al burro en tierra para que realice diferentes maniobras con el carro. A medida que se desarrolle el nivel de habilidad del animal, puede introducir maniobras más complejas, como girar y retroceder mientras tira del carro. Estos son movimientos sofisticados, y no debe esperar que el animal aprenda a hacer estas cosas de la noche a la mañana. Este proceso llevará tiempo para que sea perfecto para usted y para el burro.

Montar

Hemos mencionado varias veces en esta guía que los burros son excelentes para enseñar a los niños a montar. También son adecuados para personas mayores y personas con ciertas discapacidades. Incluso llevan adultos de tamaño regular en ciertas áreas con terrenos difíciles que son atracciones turísticas, como el Gran Cañón.

El burro debe ser lo suficientemente grande para poder montarlo. Las miniaturas generalmente solo se recomiendan como animales de montar adecuados para niños, dada su pequeña estatura. Tanto los niños como los adultos pueden montar la mayoría de los burros estándar.

Las habilidades de conducción en tierra son especialmente importantes tanto para transportar material como para montar. No solo los acostumbra a seguir órdenes básicas, sino que también habrán aprendido movimientos más complejos, como dar la vuelta y retroceder, los que pueden ser particularmente útiles y necesarios cuando están siendo montados.

Al igual que con la mayoría de las otras cosas que hemos discutidos aquí, deberá dejar que el burro se acostumbre al nuevo equipo que tendrá que usar. Poner todo el equipo de montar en el burro y dejar que lo usen durante cortos períodos de tiempo es una forma muy efectiva de lograr esto.

A continuación, deberá pasar un tiempo montando el animal sin que camine para permitir que tanto el animal como usted se acostumbren a estar en el lomo. Practique el montaje y el desmontaje en ambos lados del animal para ayudarle a acostumbrarse en esta parte del proceso.

Una vez que su animal se sienta cómodo con el equipo, siendo montado y desmontado, es hora de que el animal se acostumbre a caminar con alguien en su lomo. Es mejor hacerlo con otra persona que pueda guiar al animal en caminatas cortas (con muchos elogios y premios), mientras usted está sobre el lomo del animal.

En cada paso del camino, deberá comunicarse con su burro, dándole señales verbales y elogios. Por ejemplo, puede decir "camina" mientras golpea suavemente el costado del burro con el pie para que el burro continúe caminando. Cualquier progreso debe ser recompensado tanto verbalmente como con un premio o un elogio físico, como caricias.

Los burros no son buenos para largas distancias. Les va mejor en sesiones cortas de unos 20 minutos, realizadas con frecuencia. El proceso de entrenamiento seguirá un camino muy similar al de los caballos, con la excepción de que puede llevar un poco más de tiempo entrenar a un burro que a un caballo.

Levantando las Patas

Los burros, como todos los equinos, son animales con pezuñas, y requerirán un cuidado y mantenimiento regular de las patas. Esto significa que el animal deberá dejar que le levante la pata para que pueda limpiar y examinar sus patas con regularidad. A la mayoría de los burros no les gusta esto al principio, pero con un poco de paciencia, puede aclimatar al animal para que le permita manipular sus patas.

Si el animal intenta alejarse mientras usted trabaja en sus patas, no lo suelte, pero elógielo mucho para que sepa que no debe alarmarse ni asustarse. Esto también le enseñará al animal que tratar de sacar su pata es inefectivo.

Querrá comenzar con las patas delanteras, pero debemos tener en cuenta que debe tener extrema precaución al comenzar este entrenamiento. Los burros que son resistentes han intentado patear a la persona que los entrena, por eso es mejor tener a un profesional capacitado o herrador con usted la primera vez que inicie este tipo de entrenamiento. Con el tiempo, el animal se acostumbrará a que le levanten las patas y se las manipulen.

Burros de Guardia

Aunque es menos conocido, como mencionamos anteriormente, los burros son muy territoriales y serán agresivos con cualquier cosa que consideren una amenaza potencial para su área. Es por eso que muchas personas optan por usar burros como animales de guardia sobre el más tradicional perro. Con la socialización y el entrenamiento adecuados, los burros son un medio increíblemente efectivo para proteger rebaños de ganado como ovejas, cabras y vacas. Una vez que el burro se haya establecido con el rebaño, cuidarán casi cualquier tipo de ganado.

Cuanto más cómodo se sienta el burro con el rebaño, más tiempo pasará dentro y entre el rebaño, y a menudo pasará gran parte del día pastando junto a él. Si el burro y el rebaño están bien unidos, el burro pasará gran parte, si no todo, de su día con el ganado. Los burros tienen un instinto de pastoreo natural, y dependen de la vista y el sonido para detectar posibles amenazas o depredadores.

Si se detecta un intruso, un burro con un buen vínculo se pondrá físicamente entre el rebaño y la amenaza potencial. Rebuznarán en voz alta, lo que a menudo es efectivo para ahuyentar la fuente del problema potencial. Esta llamada de auxilio no solo ahuyenta a los depredadores, sino que también alerta al propietario de que puede haber algo sobre la propiedad.

Si el rebuzno no tiene éxito, el burro tiene municiones más proverbiales. Los animales se encabritarán y atacarán al animal con una patada rápida, lo que disuadirá y, a veces, incluso matará al depredador.

Las hembras y los pollinos criados con ovejas u otro ganado tendrán un vínculo más fuerte con el ganado y, por lo tanto, serán mejores protectores del rebaño. Una vez que se desteta un pollino, la burra puede ser quitada y el pollino puede ser dejado con el ganado. Esta es la mejor manera de unir a un burro al ganado que debe proteger.

Incluso si el animal no se cría con el rebaño, puede ser introducido satisfactoriamente y unirse al rebaño. Esto debe hacerse bajo una estricta supervisión. Primero, alojar al burro cerca del ganado que cuidarán, pero no con él, ayudará a que ambos se acostumbren a la presencia del otro.

Luego, puede pasar a tener al burro en un recinto con el rebaño, pero esto deberá ser supervisado de cerca. Recuerde que los burros son muy territoriales y agresivos, y no es tan raro que un burro nuevo vea al ganado como una amenaza y actúe en consecuencia. Para mantener a todos a salvo hasta que pueda confiar en que el burro comprende su papel en el rebaño, esto debe ser monitoreado de cerca, y el burro no debe quedarse solo con el rebaño hasta que esté seguro de que estén bien unidos y que el burro no atacará.

La mayoría de los burros, incluso los que se crían aparte del ganado, pueden unirse con éxito y convertirse en buenos animales de guardia para el rebaño. Sin embargo, recuerde que los burros, como los humanos, tienen personalidades muy distintas y, a veces, ciertas personas simplemente no son adecuadas para cuidar el ganado.

En general, los machos no deben usarse, ya que son demasiado agresivos y pueden comportarse de manera impredecible. Algunos burros pueden volverse sobreprotectores del rebaño que cuidan y, en ocasiones, confunden a los pollinos con amenazas y pueden herir o matar a los bebés. Muchas personas sacan al burro del pasto cuando el ganado da a luz para permitir que los pollinos ganen algo de fuerza y tamaño, lo que hace que sea menos probable que el burro guardián los vea como una amenaza potencial.

Los burros tienen una fuerte aversión por todos y cada uno de los caninos, por lo que esto es algo que deberá recordar si también tiene perros en su propiedad. Para la seguridad del perro, es mejor mantenerlos alejados del burro a menos que hayan sido criados juntos. No es raro que un perro de familia curioso reciba una buena patada de un burro desprevenido debido a sus esfuerzos.

Un burro puede vigilar entre 100 y 200 animales, dependiendo del tamaño y del terreno de la propiedad en cuestión.

Beneficios del Entrenamiento con Clicker

Muchas personas confían en el uso de clickers para entrenar a todo tipo de animales, y este método tiene la ventaja de ser efectivo y sencillo de aprender. El uso de un clicker implica condicionamiento operante con reforzamiento positivo, y debe realizarse en un programa regular de recompensas.

Parece ser tan efectivo porque combina un sonido consistente con la recompensa otorgada después de la ejecución del comportamiento deseado.

Primero, deberá emplear un poco de condicionamiento clásico para hacer que el animal asocie el sonido del clicker con recibir un premio y un elogio. Una vez que el animal responda al sonido del clicker, incluso cuando esté distraído, la asociación se ha arraigado. Una vez que esto sucede, puede comenzar el condicionamiento operante, y el sonido del clicker se emparejará con una orden que será recompensada si se completa con éxito.

Una vez que parezca que el burro ha desarrollado una asociación entre la orden verbal y la recompensa, puede dejar de usar el clicker y ceñirse solo a las señales verbales. El tiempo que llevará llegar a este punto dependerá de cada animal individual.

Capítulo 7: Aseo y Cuidado de Sus Burros

Los burros, como cualquier otro animal, requieren un aseo y cuidado básicos para que se vean y se sientan lo mejor posible. Si bien son conocidos por su bajo mantenimiento, esto no significa que estos animales no requieran mantenimiento. Requieren un cuidado regular mínimo, la mayoría del cual está relacionado con el aseo. Esto ayuda a que su pelaje luzca lo mejor posible, y mantiene sus ojos, nariz, boca y pezuñas libres de escombros, lo que puede causar malestar o problemas de salud.

Para el aseo de los burros, se requieren algunas herramientas básicas, que veremos a continuación, pero el conjunto de herramientas que la mayoría usa para el aseo se especializa con el tiempo, dependiendo de las necesidades y preferencias del propietario y los animales.

Consideraciones Generales

Los burros deben mantenerse limpios y su pelaje libre de escombros, por lo que debe cepillarlos regularmente, todos los días si es posible. El aseo será especialmente importante en el invierno para los burros que usan mantas para mantenerse abrigados. El cabello debajo de la manta puede enmarañarse y enredarse fácilmente, lo que genera malestar y el potencial de problemas en la piel.

Cepillar a los burros en seco es mucho mejor que cepillarlos en húmedo, lo que puede irritar su piel. A los burros no les gusta mucho mojarse en primer lugar. La mayoría de los burros disfrutan ser aseados y apreciarán el cuidado diario. También es una gran oportunidad para formar un vínculo entre usted y el burro, por lo que debe aprovechar esta oportunidad.

Cabe mencionar que, si tiene alguna expectativa de mantener a sus burros completamente limpios, tendrá que olvidarse de aquello. Incluso con el cepillado regular, los burros se ensucian, especialmente porque se sabe que ruedan en la tierra y, a diferencia de los caballos, no se sacuden cuando terminan. El objetivo principal del aseo es mantener el cabello y la piel libres de escombros y otras sustancias que puedan causar llagas o irritación, no para mantenerlos limpios como animales de exposición (aunque discutiremos el tema de los burros de exposición brevemente más adelante).

Sus pezuñas requerirán cuidado regular y especializado, al igual que los caballos. Diariamente, se recomienda limpiar el barro, la suciedad y otros desechos de las pezuñas usando un gancho para pezuñas, que discutiremos más adelante. Es posible que desee consultar el capítulo sobre entrenamiento para ver cómo hacer que el animal se acostumbre a que le levanten las patas y se las manipulen.

Al igual que otros equinos, las pezuñas de los burros crecen continuamente, y deberán recortarse con regularidad, aproximadamente cada 4-8 semanas. No cuidar adecuadamente sus pezuñas puede llevar a una variedad de problemas que pueden volverse graves. Recortar las pezuñas no es algo que todos se sientan cómodos haciendo o que tengan las herramientas o la habilidad para realizar. Muchos dependen de la visita ocasional de un herrador profesional para este mantenimiento.

Cada vez que haga aseo a sus burros, tómese un minuto para examinarlos y comprobar si hay cortes, problemas en la piel o en las pezuñas, lesiones o cualquier indicio de enfermedad. Detectar los problemas temprano ayudará a reducir la probabilidad de que el animal experimente problemas importantes. También deberá revisar sus dientes en busca de indicios de podredumbre, daños o bordes afilados. Los dientes de los burros siempre están creciendo, y se desgastan por el forraje grueso que comen. Esto puede provocar bordes afilados en los dientes, que luego pueden provocar llagas en la boca. Deberá hacer que un profesional le revise los dientes alrededor de una vez al año.

Si un burro tiene dientes en mal estado o dañados, cambie a una dieta blanda de alimentos húmedos, machacados o empapados que sean más fáciles y menos dolorosos para comer.

Los burros también necesitan vacunas regulares contra el moquillo, la gripe y el tétanos. Puede haber otras vacunas recomendadas según la zona en que viva.

Al igual que otros equinos y la mayoría de los animales al aire libre, los burros pueden sufrir de parásitos intestinales, en particular gusanos intestinales. Los burros deben someterse a controles fecales alrededor de cuatro veces al año para buscar parásitos y tratarlos cuando se encuentren. Muchos medicamentos no son tan efectivos como solían ser debido al uso efectivo y la evolución de las plagas, lo que hace que sea más difícil de lo que solía ser tratar con éxito muchas de estas plagas, ya que han desarrollado resistencia.

Debido a que muchas plagas se han vuelto resistentes, debe controlar al animal después de un curso de tratamiento para asegurarse de que realmente funcionó. Para empezar, mantener el refugio de su burro y su espacio vital limpios es la mejor manera de evitar gusanos y otros parásitos. Los gusanos, como todos los parásitos, tienen un ciclo de vida único que requiere tiempo para que se desarrollen de una etapa a la siguiente. La eliminación regular de desechos (principalmente heces de burro) unas cuantas veces por semana es una excelente manera de reducir la exposición del animal a la larva de los gusanos.

En el verano, deberá asear a los burros casi todos los días. En invierno, puede reducir esto a día por medio. Se forman bolsas de aire naturalmente en sus pelajes, proporcionando un grado de aislamiento del frío, y el cepillado romperá esas bolsas de aire.

Dado que los burros tienen el pelo largo, grueso y áspero, es mucho más propenso a acumular suciedad y escombros que un caballo, por lo que requieren un aseo más regular. Durante los meses de primavera (cuando los animales están mudando sus pelajes de invierno), necesitará asearlos más a menudo que lo habitual para ayudarlos a deshacerse del exceso de cabello que se está desprendiendo.

Herramientas Básicas

No necesita un montón de costosas herramientas especiales para que su burro se vea y se mantenga bien. Con un paño húmedo, limpie cuidadosamente cualquier suciedad o escombros en los ojos, orejas, nariz y boca del animal. Esto ayuda a prevenir infecciones y otros problemas que pueden resultar de la acumulación de suciedad o escombros en estos orificios.

Un cepillo rígido de cabeza redonda hecho de metal, goma o plástico será la herramienta más importante para asear a sus burros. Cepille al animal con un cepillo para el cuerpo de la cabeza a la cola, aplicando una presión uniforme mientras lo hace.

Para mantener las pezuñas limpias y libres de escombros, necesitará un punzón para pezuñas, que es una importante herramienta de aseo que le permite eliminar de forma segura y fácil suciedad o escombros apelmazados. Al limpiar las pezuñas, trabaje desde el talón hasta la punta de la pata, asegurándose de limpiar todas las grietas. Deberá estar atento a si la parte posterior de la pezuña (conocida como ranilla) se pone negra o incluso supura. Esto indica una infección bacteriana llamada *candidiasis*, y deberá tratarse inmediatamente.

Mantenga limpias sus herramientas de aseo, ya que esto ayudará a prevenir la propagación de gérmenes. Después de cada uso, desinfecte el equipo de aseo usando un detergente suave y agua tibia. Puede dejar que se sequen al aire libre hasta su próximo uso.

Un kit básico de aseo para burros incluirá un peine de curry grueso, el cual es bueno para deshacer acumulaciones de barro o escombros. Un peine de curry de cerdas cortas es un excelente peine para todo uso que se puede usar en la mayoría de las partes del cuerpo para peinado general. Se puede usar guantes de peluquero, pero la mayoría de los animales prefieren ser aseados con las manos desnudas, por lo que esto no es obligatorio y es más una preferencia. Se necesitará un gancho para pezuñas para limpiar el pelaje.

Muchos dueños de burros usarán un aerosol para prevenir la pudrición causada por la lluvia, repelente de insectos (especialmente para moscas), y algún tipo de acondicionador para el pelaje para ayudar a mantener sus pelajes en buen estado. Todos estos productos pueden comprarse en la mayoría de las tiendas agrícolas al aire libre, o incluso puede hacerlos usted mismo. Los acondicionadores para la piel son el producto más común que la gente hace en casa porque solo requiere ingredientes básicos. También puede hacer su propio repelente de insectos y líquido para prevenir la pudrición, de los cuales es posible encontrar sus recetas en línea fácilmente. Dado que el acondicionador para la piel es tan fácil de hacer, consideremos una receta gentilmente provista por The Donkey Listener.

Acondicionador para la Piel de The Donkey Listener

½ taza de vinagre de sidra de manzana

½ taza de agua

3 gotas de aceite esencial de menta

3 gotas de aceite esencial de aroma a su elección

1 cucharada de aceite de vitamina E

Mezcle todos estos ingredientes y agite bien antes de cada uso.

Cortando el Pelaje de los Burros

De vez en cuando, como la mayoría de los animales, un burro puede necesitar que se le corte el pelaje. Sus pelajes son increíblemente importantes para la comodidad de su cuerpo y nunca deben cortarse por completo. Su pelaje les permite regular adecuadamente su temperatura, y los ayuda a protegerse contra las plagas de insectos, especialmente las moscas, que molestan a casi todos los animales de granja.

A veces, los burros ancianos o enfermos experimentarán una afección que provoca un crecimiento excesivo de su pelaje, dejándolo enmarañado y enredado, lo que puede ser doloroso y hacer que el animal sea más propenso a las afecciones de la piel. Es más probable que un burro necesite un corte de pelaje a fines de la primavera y a comienzos del verano. Esto difiere mucho de los caballos, cuyo pelaje tiende a cortarse en invierno.

La mayoría de los burros no necesita que su pelaje se recorte con frecuencia, pero existen ciertas condiciones y problemas que pueden hacer que esto sea necesario con más frecuencia que lo habitual. A veces, los burros experimentarán un crecimiento de cabello mayor al habitual durante el invierno, y es posible que muden su exceso pelaje más lentamente durante la primavera. Cuando esto sucede, el recorte con luz dirigida es una excelente manera de ayudar al proceso natural del burro.

Ciertas afecciones a la piel o una herida también pueden requerir un corte de pelaje para mantener el área libre de cabello y escombros. Muchos burros experimentarán infestaciones de piojos, que a menudo pueden tratarse bañándose, pero podrían requerir cortes de pelaje en casos realmente graves. Hay una variedad de productos para el control de plagas que puede usar y que harán que sea menos probable que ocurra una infestación de piojos.

Pezuñas

Las pezuñas de sus burros son vitales y mantenerlas sanas y en buena forma es esencial para mantener a sus animales en plena forma. Cada vez que cepille a sus burros, deberá limpiar sus pezuñas y verificar si hay signos de lesiones o posibles infecciones.

Como hemos señalado un par de veces, será necesario recortar las pezuñas de su burro cada 4-8 semanas para evitar que crezcan excesivamente. Solo debe hacer esto usted mismo si tiene las herramientas y los conocimientos adecuados.

Burros de Exhibición

Aunque no es algo comúnmente conocido, algunas personas tienen burros como animales de exhibición, y estos requerirán un nivel de preparación mucho más alto que los animales destinados para trabajar o producir leche. Para los burros de exhibición, deberá bañarlos regularmente, y asearlos será más complejo que con burros regulares. Deberá recortar el pelaje con más frecuencia que con un burro de trabajo para mantenerlo en buena forma, y como resultado, deberán usar una manta en invierno y quizás incluso en los días más fríos de verano.

Antes de una exhibición, se recomienda recortar el pelaje del burro una vez a la semana para permitir que el cabello cortado de manera desigual vuelva a crecer y se vea menos peludo. El uso de tijeras con hojas largas y puntas redondas es una buena manera de reducir los cortes desiguales y el cabello antiestético. Cuanto más largas sean las hojas de las tijeras, más uniforme y suave se verá el corte resultante.

Las personas que exhiben sus burros también usan abrillantador de pezuñas para hacer que brillen.

Capítulo 8: Reproducción en Burros

Aunque ya no es tan común como antes, todavía hay lugares donde los burros se usan para transporte, llevar carga y como la principal bestia de carga para la agricultura o la industria a pequeña escala. Se están volviendo más atractivos hoy en día debido a su resistencia y al bajo nivel de insumos requeridos en comparación con otras especies equinas. Son más resistentes a la tracción que los bueyes, lo que puede convertirlos en un animal más atractivo para el trabajo agrícola que los bueyes.

Las burras y las yeguas son muy similares en lo que respecta a la reproducción, pero hay algunas diferencias clave. Lo mismo ocurre con los machos y los caballos. En general, el proceso es más o menos similar, pero hay algunas diferencias importantes que afectarán el proceso de cría.

Reproducción Básica

Un burro alcanza la "pubertad" alrededor de los dos años, y las hembras están en estro (celo) por períodos de tiempo más cortos que la mayoría de los caballos. El ciclo de celo de las hembras tiende a durar entre 23-30 días. El estro en sí, en su punto máximo, dura entre 6 y 9 días, y la hembra estará ovulando durante aproximadamente 5 a 6 días después del inicio del estro.

Las burras pueden estar en celo con más frecuencia que los caballos, lo que es beneficioso para la cría, ya que los machos pueden ser muy quisquillosos con el apareamiento. Esto significa que la burra tiene más oportunidades de concebir que su homólogo caballo.

Los síntomas comunes de las burras en estro incluyen:

- Pararse con las patas abiertas, lo que a menudo se denomina posición de reproducción

- Micción excesiva

- Levantamiento de la cola

- Guiño

- Babeo

El ciclo de gestación de una burra embarazada suele ser de 372 a 374 días, es decir, un poco más de un año. El celo del pollino, o celo posterior al nacimiento de un pollino, comienza dentro de los 3 a 13 días posteriores después de que la burra haya dado a luz.

Las burras son extremadamente protectoras con sus crías, y por lo general, tienen un instinto maternal más fuerte que el de las yeguas. Debe tener esto en cuenta cuando considere cómo va a socializar y manejar a los pollinos. Las burras deben sentirse cómodas con usted para que pueda acercarse a su descendencia, por lo que es posible que deba socializarla y hacerla sentir cómoda al lado de usted antes de poder tocar al pollino con seguridad si este proceso de socialización aún no se ha realizado.

Las burras tienen una tasa de fertilidad más alta que las yeguas, lo que las hace más propensas a concebir. La tasa de concepción de las burras es de aproximadamente el 78%, en comparación con aproximadamente el 65% de las yeguas.

Es más probable que una yegua tenga múltiples períodos ovulatorios que una yegua, lo que hace que el fenómeno del hermanamiento sea más común en ellas. Esto deberá ser abordado por un veterinario, ya que los gemelos presentan un riesgo mucho mayor de complicaciones para la burra. Por lo general, se destruye un embrión por la seguridad de la burra, y para aumentar la probabilidad de que lleve su gestación a término y dé a luz a un pollino sano.

Dado que las burras tienen vaginas más estrechas y largas, y a menudo más protuberantes en comparación con las yeguas, puede ser más difícil inseminar artificialmente a una burra que a una yegua. Esto también puede ponerlas en mayor riesgo de problemas como lesiones cervicales, y pueden tener más dificultades para dar a luz que una yegua, por lo que alguien debe estar presente cuando una burra entra en trabajo de parto.

Anteriormente discutimos los síntomas de una burra en celo, y son obvios, por lo que será relativamente fácil saber cuándo está lista para reproducirse. Se dice que el sonido de los machos rebuznando hace que entren en celo más rápido. Las burras también se vuelven más vocales durante el estro que en cualquier otro momento. Si su burra habla más de lo habitual, puede ser una señal de que está lista para reproducirse.

Como señalamos anteriormente, los machos tienen un sistema reproductivo similar al de los caballos, pero existen algunas diferencias clave. Por un lado, el pene de un macho es más grande que el de un caballo de tamaño similar. Esto significa que, si castra a alguno de sus machos, tenga en cuenta que sangrarán más de lo que suelen hacerlo los caballos.

Las glándulas sexuales accesorias también son más grandes en los gatos que en los caballos. A diferencia de los caballos, los burros tardan más en lograr la erección y el clímax, alrededor de 15-30 minutos, en comparación con los 10 minutos que requieren los caballos. Los burros usan algo parecido a la excitación preliminar, llamado provocación, con la hembra para "ponerla de humor". Algunos intentos de reproducción, debido al tiempo que le toma al macho para prepararse y hacer lo suyo, tal vez no tengan éxito y se requerirán múltiples intentos. También debe tenerse en cuenta que todo el proceso puede durar hasta u n par de horas.

Los machos jóvenes tendrán una libido más baja que sus contrapartes caballos, y no alcanzarán la madurez sexual durante algunos años después de la pubertad.

Los burros pueden usar vaginas artificiales de burro, y esta es una forma de obtener esperma para la inseminación artificial, el cual a menudo es el método preferido de los criadores. Puede ser más seguro para la burra, con un cuello uterino más largo y estrecho que el de una yegua.

Los burros pueden concebirse naturalmente, según un programa o vía inseminación artificial. Los burros y las burras pueden mantenerse juntos y permitirles "hacer lo que la naturaleza requiere", o puede juntar a los animales en un momento específico cuando la burra se encuentra en un estado óptimo para concebir. En sistemas naturales, es más probable que la burra pueda concebir durante lo que se conoce como celo permanente, lo que se refiere a un período de 48 horas después del inicio del estro.

Procreación de Mulas

Una mula es un cruce entre un burro y una burra (dedicaremos un breve capítulo a las mulas más adelante), y el emparejamiento no es algo natural, sino más bien uno que debe ser forzado o engatusado. Si quiere que burros y yeguas se reproduzcan, es mejor criar al burro en la compañía de yeguas y no de burras, ya que preferirán a sus compañeras naturales en lugar de las yeguas. Criar al burro con yeguas no solo lo acostumbrará a estar en su presencia; ellas serán su única fuente de "alivio" cuando estén excitados.

Los burros que se crían en entornos similares a los caballos tienen muchas más probabilidades de ser receptivos a la procreación con yeguas, pero aun así habrá que alentarlo. Algunos han notado que las granjas con múltiples burros usados para procrear con yeguas pueden alentar a burros nuevos a aparearse con yeguas más fácilmente. Pero como dijimos, tendrá que alentar al burro a aparearse con yeguas, y generalmente no es posible que un burro se aparee tanto con yeguas como con burras. Deberá usar animales diferentes para estos propósitos. Para aparear a un burro específico tanto con yeguas y burras, el mejor camino es la inseminación artificial.

Las yeguas tampoco se sienten atraídas naturalmente a los burros, y esto puede provocar angustia ante la presencia de un burro que rebuzna. Esto ilustra aún más la importancia de la socialización temprana entre el burro y la yegua. Será menos probable que esto ocurra entre una pareja que se crio en conjunto. Una yegua no siempre soportará ser montada por un burro, y a veces, incluso podría patear al gato, lo que podría lastimarlo mientras intenta montarla.

Existen sujetadores llamados dispositivos de apareamiento u obstáculos que a menudo se utilizan para ayudar a garantizar la seguridad de ambos animales en el proceso.

Crianza de Burros Miniatura

Los burros miniatura son animales tiernos y cariñosos que se han vuelto cada vez más populares como mascotas. Estos son mucho más pequeños que un burro estándar, midiendo no más de 36 pulgadas de alto. Además de ser lindos y tener un excelente temperamento, los burros miniatura tampoco requieren tanto espacio o insumos debido a su tamaño más pequeño.

Su tamaño representa una limitación en la cantidad de trabajo que pueden realizar, el peso que pueden sostener, y el tamaño apropiado del jinete para su estatura. Deberá recordar esto cuando considere criar miniaturas como animales de trabajo; la miniatura probablemente no sea la mejor opción.

Lo primero que deberá hacer es encontrar un burro y una burra que sean buenas representaciones de la raza miniatura en términos de tamaño, pelaje, que tengan patas largas y rectas, etc. Una burra con caderas y costillas más anchas tendrá más facilidad para dar a luz que una con caderas y costillas más estrechas.

Querrá que un veterinario revise una posible pareja reproductora para asegurarse que estén sanos y no tengan enfermedades que puedan transmitir en el proceso de apareamiento. Tanto el burro con la burra deben tener al menos tres años de edad antes de comenzar cualquier intento de apareamiento. Esto es para asegurarse que ambos animales estén completamente desarrollados sexualmente.

Lave a ambos animales antes de juntarlos, y muchas personas sujetarán la cola de las burras para que al burro le resulte más fácil montarla. Se recomienda lavar sus genitales con jabón de yodo para asegurarse que ambos estén libres de bacterias o patógenos potencialmente dañinos.

Puede que tenga que sujetar o sostener a la burra mientras el burro la huele y la inspecciona. Es una parte importante del proceso de apareamiento para los machos, pero tiende a poner un poco nerviosa a la burra. Si su cola aún no está levantada, una burra receptiva la levantará para indicar su interés.

Una vez que se complete el proceso de apareamiento, deberá separar a la pareja y soltar la cola de la burra si estaba atada. La burra debe ser llevada a un lugar tranquilo y calmado durante el año (aproximadamente) que le lleva gestar un pollino. Mantener a la burra tranquila y libre de estrés ayudará a garantizar que tenga una gestación saludable.

Una burra preñada no debe ejercitarse vigorosamente, pero debe alentarse a que se mueva todos los días cuando sienta el deseo.

Durante los últimos tres meses de gestación, deberá aumentar la cantidad con la que alimenta a la burra embarazada en aproximadamente un 50% para tener en cuenta las necesidades de su pollino en gestación. En el último mes de gestación, coloque a la burra en un puesto de parto, que está especialmente diseñado para estar alejado de otros animales y brindarle un espacio seguro y privado para dar a luz.

El puesto de parto debe cubrirse con una cubierta limpia y gruesa hecha de paja o virutas de madera (es preferible la paja). Es importante que la burra esté lejos de otros animales y lo más lejos posible de ruidos fuertes; debe mantenerse en el menor estrés posible durante el trabajo de parto. Si bien son conocidas por ser cariñosas, las burras que están a punto de dar a luz son menos amigables poco antes de comenzar el trabajo de parto, por lo que, si su burra que suele ser cariñosa muestra su carácter, es una buena señal de que pronto dará a luz.

Aproximadamente 48 horas antes de dar a luz, notará que las ubres de la burra comienzan a hincharse, e incluso puede haber una secreción ligeramente cerosa que sale de sus pezones. Esto es perfectamente normal.

Deberá estar cerca cuando la burra entre en trabajo de parto en caso de que necesite brindarle ayuda, pero trate de dejarle el mayor espacio posible para que no se sienta abarrotada o confinada. No quiere causarle ningún estrés innecesario. Esto puede prolongar el tiempo que tarda en dar a luz y aumentar las posibilidades de complicaciones. Ella comenzará a rodear y caminar por el establo justo antes de dar a luz.

Una vez que la burra rompe aguas, el pollino comenzará a aparecer; contracciones adicionales le permitirán empujar al bebé el resto del camino hacia el exterior. Esto puede llevar un poco de tiempo, pero si pasan unos 20 minutos sin progreso ni contracciones, es mejor llamar a un veterinario para que vea si hay problemas con su gestación que usted no pueda manejar.

Una vez que nazca el pollino, la burra cortará el cordón umbilical por sí misma y limpiará al pollino. El pollino, si está sano, debe pararse poco después y comenzar a mamar. Aunque no es tan común, a veces las burras temen inicialmente a su pollino. Si esto ocurre y no deja que el pollino amamante, sostenga y consuele a la burra hasta que el pollino pueda acercarse y amamantar.

Si es posible, haga que un veterinario examine a la burra y al pollino unos días después del nacimiento. Esto permitirá que el veterinario determine que tanto la madre como el bebé estén en buenas condiciones. El veterinario buscará cualquier resto de placenta que deba extraerse, así como signos de mastitis. Esta es una inflamación de los pezones que puede provocar molestias e incluso evitar la lactancia, y debe tratarse rápidamente. Hay muchos tratamientos diferentes que son efectivos para la mastitis.

El veterinario también verificará que el pollino esté recibiendo un suministro adecuado de leche. Si el pollino no puede obtener suficiente leche de la burra, se le puede recomendar que le administre alimentos suplementarios para compensar las calorías y los nutrientes necesarios que no está recibiendo de su madre.

Capítulo 9: Leche de Burra (y Por Qué Debería Considerarla)

La leche probablemente no es la primera cosa que asocia con burros. Sin embargo, la leche de burra se está convirtiendo en un campo lucrativo; quizás podría ser algo en lo que considere involucrarse si va a criar burros. La leche de burra se ha utilizado desde la antigüedad para una amplia gama de usos y hoy está volviendo a ser popular.

De hecho, la leche de burra se está convirtiendo en un ingrediente muy buscado para diversos productos de belleza y salud. Esto ha provocado un aumento espectacular del precio de la leche en el mercado abierto. Los precios pueden llegar a 50 dólares por litro, lo que es, de hecho, ¡un precio extremadamente alto para la leche!

Beneficios de la Leche de Burra

En la antigüedad, la leche de burra se usaba con fines medicinales para tratar muchas dolencias diferentes y como potenciador de la belleza. La leyenda dice que Cleopatra, la famosa reina de Egipto, se bañó en leche de burra para ayudar a mantener su apariencia joven y su piel radiante. La ciencia moderna muestra que hay mucho en esta leyenda, incluso si no ocurrió como un hecho histórico.

Durante mucho tiempo se usó como medicamento para una variedad de dolencias, desde malestar estomacal hasta alergias.

Tenemos numerosos relatos antiguos sobre el uso de leche de burra más allá de la leyenda de Cleopatra. El padre de la medicina, Hipócrates, escribió uno de los relatos más antiguos conocidos sobre los beneficios de la leche de burra. Además, los registros romanos antiguos dan fe de su uso bastante extendido. Se sabe que la hermana de Napoleón lo incluyó en su régimen de cuidado de la piel. También, en Francia, la leche de burra se utilizó hasta el siglo 20 para alimentar a los niños huérfanos y como cura para los enfermos y ancianos.

Usos Comunes de la Leche de Burra en la Actualidad

Incluso en la actualidad, algunas personas todavía defienden el valor medicinal de la leche de burra, afirmando que puede ayudar a las personas con problemas como la bronquitis y el asma. Esto no debe reemplazar el tratamiento médico y la medicación moderna, y es necesario realizar muchos más estudios para determinar la verdadera efectividad de la leche de burra como un buen tratamiento para estas afecciones.

Las personas con alergias severas pueden beneficiarse del consumo de leche de burra. Muchas personas afirman que simplemente bebiendo un poco de leche todos los días, observaron reducciones drásticas en sus síntomas de alergia. Al igual que con otras afirmaciones hechas acerca de la leche de burra, es necesario realizar más investigaciones para determinar qué tan bien funciona realmente para estas afecciones, y para comprender qué tiene este tipo de leche que la hace útil.

Serbia es una de las regiones productoras más grandes de leche de burra, y lo que se considera el queso más caro del mundo, hecho de leche de burra, se produce allí en la Reserva Natural de Zasavica. El queso se vende a unos 48 euros los 50 gramos. De hecho, es caro, con un sabor y una textura únicos que la gente jura que no puede rivalizar con otros tipos de quesos especiales. Otras naciones con capacidades de tamaño decente de producción de leche de burra incluyen Corea del Sur, Bélgica y Suiza.

Los estudios científicos han demostrado que, químicamente, la leche de burra es la más cercana a la leche materna humana, y es más baja en grasas y mucho más alta en ácidos grasos Omega-3 que la leche de vaca. Recientemente se han publicado estudios en la revista profesional Current Pharmaceutical Design, que demuestra que la leche de burra tiene la capacidad de dilatar los vasos sanguíneos y puede reducir el endurecimiento de las arterias. Otro artículo reciente en el Journal of Food Science ha descrito la leche de burra como un "alimento farmacéutico", por sus innumerables beneficios en términos de salud y nutrición.

Cada vez más, la leche de burra se usa en productos para la piel útiles para tratar una variedad de afecciones de la piel como la psoriasis y el eccema. También es segura de usar en pieles demasiado sensibles, y se puede convertir en un jabón suave. Algunos dicen que la leche de burra contiene propiedades anti-envejecimiento, y su contenido de grasa la hace excelente para hidratar la piel, ayudando a mejorar el aspecto y la elasticidad de la piel. También es conocida como un excelente limpiador de piel.

Esta leche también puede ser beneficiosa para los bebés que sufren problemas gástricos, ya que, a nivel estructural químico, es muy cercana a la leche materna humana. También tiene un alto contenido de vitaminas y minerales muy necesarios, y puede ser una mejor alternativa que la fórmula o la leche de vaca. La leche de burra tiene un nivel de proteínas comparable al de la leche de vaca, pero es mucho más alta en vitamina C.

A medida que continúen las investigaciones para identificar los beneficios ampliamente variados de la leche de burra, muchos esperan que continúe aumentando su popularidad y demanda.

Consideraciones

En cuanto a los animales que se pueden ordeñar, el burro no ocupa un lugar destacado en la lista de fuentes, ya que producen muy poca leche. Si bien la leche de burra, en comparación con la de vaca, es mucho más escasa, se utiliza para fines mucho más específicos que la leche de vaca, por lo que la escasez no es un problema tan importante como podría parecer a primera vista.

Debido a que producen tan poca leche, los productos especializados son los más comunes que utilizan esta única y rara sustancia. Las burras solo se pueden ordeñar durante aproximadamente 2-3 meses después del parto. Raramente producen más de aproximadamente 400 ml de leche por día, una cantidad muy pequeña en comparación a las vacas.

Capítulo 10: Identificando y Previniendo Enfermedades de los Burros

El burro es conocido y apreciado por ser una criatura resistente y duradera, pero esto no significa que nunca sufren problemas de salud. Su resistencia es, por supuesto, una de las razones por las que fueron tan populares históricamente, y una de las principales razones por las que están creciendo en popularidad en la actualidad. Sin embargo, a pesar de que son resistentes y pueden vivir en entornos desafiantes, siguen enfrentándose al riesgo de varios problemas de salud diferentes.

Como señalamos anteriormente, los burros tienden a ocultar sus emociones, y esto también es cierto cuando están enfermos. Es muy probable que su burro no muestre síntomas obvios de una enfermedad hasta que esta haya progresado hasta un punto en el que le resulte imposible al animal continuar escondiéndola. Esto a menudo puede resultar en dejar que algo pequeño y simple se infecte y se convierta en un problema mayor.

Consideraciones Básicas de Salud

Mientras más tiempo pase con sus burros, mejor será su relación y comprensión de ellos. También le ayudará a conocer la personalidad, el temperamento y los comportamientos particulares de cada animal, lo que puede hacer que sea mucho más fácil saber cuándo algo no está bien con ellos. Se recomienda encarecidamente que realice controles corporales periódicos para buscar posibles problemas y abordarlos tan pronto como note algo. Estos controles son excelentes para hacerlos junto con el aseo diario.

Dolencias Comunes de los Burros y Sus Síntomas

Como cualquier animal, los burros pueden contraer una amplia gama de enfermedades que pueden ser leves o incluso mortales. Lo que sigue son algunas de las dolencias más comunes que sufren los burros y los síntomas asociados con estas condiciones.

Abscesos

Un absceso se produce cuando una fuente externa, a menudo un patógeno o una lesión, estimula la sobreproducción de glóbulos blancos, lo que puede provocar llagas dolorosas, las que luego se rompen y exudan pus. Un absceso puede aparecer en cualquier lugar desde el interior del cuerpo, en la boca o incluso en las pezuñas. Pueden romperse, provocando la expulsión de una gran cantidad de pus de olor desagradable.

Si no se trata, especialmente en las pezuñas, puede provocar llagas crónicas y una infección que puede extenderse a los tejidos circundantes, causando mucha incomodidad e incluso con riesgo de daño permanente. Deberá consultar un veterinario para diagnosticar y tratar adecuadamente los abscesos.

Se puede punzar el absceso para obtener una muestra y analizarla para detectar bacterias que podrían requerir de un tratamiento con antibióticos. La herida también se puede irrigar o limpiar profundamente para ayudar a evitar futuras infecciones y ayudar a la cicatrización de la herida.

Ántrax

Las esporas de ántrax se encuentran comúnmente en los suelos de la mayoría de las áreas del mundo. Esta toxina, conocida como Bacillus anthracis, puede permanecer inactiva en el suelo durante muchos años, y se "activa" durante ciertas condiciones climáticas, como el clima fresco y húmedo, seguido por un clima muy cálido y seco. ¡Las esporas pueden vivir en el suelo hasta por 48 años!

Entonces los animales pueden comer pasto que ha sido contaminado con esporas de ántrax y enfermarse. Los síntomas comunes del ántrax incluyen cambios de humor como depresión, falta de coordinación física, temblores incontrolables, e incluso sangrado aleatorio. Deberá contactar al veterinario de inmediato si el burro muestra alguno de estos síntomas, ya que podría haber estado expuesto a suelo contaminado, lo que puede ser fatal.

El ántrax es altamente propagable y puede transmitirse fácilmente de un burro infectado a otros animales e incluso a los humanos. Es por eso que cualquier caso confirmado de ántrax debe informarse a los funcionarios locales de gobierno.

Existe una vacuna disponible para inocular contra el ántrax, y es muy recomendable, especialmente si vive en un área donde se sabe que se encuentra el ántrax. Si se detecta temprano, el envenenamiento por ántrax puede ser tratado con antibióticos, pero dado que la toxina a menudo puede resultar fatal, es mejor confiar en la vacuna.

Artritis

Al igual que los humanos, los burros pueden sufrir artritis a medida que envejecen. La artritis también es causada por ciertas predisposiciones genéticas, y también puede ser causada por mala nutrición y espacio inadecuado. Los síntomas más comunes de artritis en burros pueden variar, pero los más comunes incluyen cambios en la marcha del animal, articulaciones inflamadas, pérdida de peso y cambios en la condición de su pelaje.

Hay una variedad de formas de tratar la artritis en burros, pero el tratamiento adecuado dependerá de la causa subyacente de la artritis. Deberá contactar a un veterinario acerca del plan de tratamiento adecuado para su animal.

Especialmente en el caso de los animales más viejos, es posible que deba modificar su entorno para que sea más seguro y fácil para un animal artrítico moverse. Esto puede incluir reducir la pendiente del terreno si es empinado, mover la comida y el agua más cerca de donde el burro pasa su tiempo, entre otras medidas. Un burro con artritis aún puede vivir una vida larga y feliz; solo se necesita un poco de ingenio para encontrar formas de hacer la vida más fácil para el animal.

Brucelosis

Esta afección generalmente se presenta en forma de *procesos inflamatorios interescapulares* (una condición dolorosa) y *cruz fistulosa* (otra condición inflamatoria). La testuz del burro se refiere al espacio entre las orejas hasta la nuca. Los anteriormente mencionados procesos inflamatorios interescapulares ocurren cuando esta área se lesiona y se hincha, volviéndose inflamada e infectada. Esto puede provocar debilitamiento e incluso necrosis (muerte) del tejido afectado.

La cruz fistulosa se refiere a una condición similar en donde la bursa supraespinosa (que se encuentra cerca de la cruz del animal) se infecta. Esto puede ocurrir a causa de una lesión o una infección, la principal responsable suele ser la Brucella abortus, de ahí el nombre de la afección.

Los síntomas de estas condiciones incluyen hinchazón, dolor perceptible, emisión de calor del área, nuevas áreas sensibles en el animal, así como fiebre y apatía. La bursa, si no se trata, puede romperse y derramar líquido infeccioso.

Tanto los procesos inflamatorios interescapulares como la cruz fistulosa pueden tratarse, pero si se dejan sin tratar, pueden convertirse fácilmente en afecciones crónicas que pueden provocar una inflamación aún mayor y cicatrices permanentes.

Las bursas que aún no se han roto a menudo se tratan con antibióticos. Una bursa rota se trata quitando tejido del área afectada y limpiando el área con una solución de betadina. También se dará un tratamiento de antibióticos para ayudar a asegurar que la infección sea eliminada.

Los burros no transmiten esta afección a otros animales ni a los humanos, por lo que no se necesitará separación ni precaución adicional. Sin embargo, debe tenerse en cuenta que las vacas que padecen estas afecciones pueden transmitirlas a otros animales.

Cataratas

Este es otro problema común que afecta tanto a los humanos que envejecen como a los burros. Está marcada por la opacidad creciente del cristalino del globo ocular, lo que reduce la vista. Este suele ser un problema congénito que se desarrolla en el animal a medida que envejece. Sin embargo, también puede deberse a traumatismos, radiación, toxinas u otras afecciones oculares.

El problema es más notable por el aumento notable de la nubosidad y el gris del cristalino del ojo. Deberá contactar al veterinario para determinar la fuente y el tratamiento de las cataratas. La cirugía es la única cura conocida para las cataratas, pero esto también puede llevar a la pérdida permanente de la visión.

Si la cirugía no se recomienda o no parece ser una buena opción, podría necesitar modificar su entorno para que sea más fácil para un animal con problemas de visión moverse, comer y beber con relativa facilidad.

Conjuntivitis

Esta es una afección común en los burros que a menudo es el resultado de una lesión en el ojo. Las infecciones por virus y hongos son otra causa de esta afección. Irritantes para los ojos como el polvo y la suciedad también pueden provocar casos menores. Esto ocurre debido a que el párpado interno y el tejido blando circundante se inflaman.

Los síntomas incluyen enrojecimiento e hinchazón alrededor de los ojos, a menudo con una secreción mucosa que sale del ojo.

Los tratamientos para esta condición dependerán del origen de la irritación. Si el problema se debe a un cuerpo extraño o irritante para los ojos, deberá enjuagar el ojo con abundante agua. En caso de que esto sea causado por infecciones fúngicas, virus o lesiones, deberá comunicarse con el veterinario para determinar el curso de acción adecuado.

Cistitis y Pielonefritis

La cistitis es un tipo común de infección del tracto urinario equino. Las infecciones como esta suelen ser el resultado de alguna afección que restringe el flujo de orina, y pueden ser originadas por bacterias como la E. coli Enterococcus o el Streptococcus.

La pielonefritis es una infección del tracto urinario que se ha extendido a los riñones y se ha vuelto más grave.

Los síntomas más comúnmente asociados con estas afecciones son similares a los que experimentan los humanos, incluida la micción frecuente y sangre en la orina. Si la infección se ha propagado a los riñones, los animales pueden comenzar a perder peso y mostrar ciertos cambios de comportamiento, como depresión.

Deberá comunicarse con su veterinario para obtener un diagnóstico y tratamiento adecuados para cualquiera de estos problemas. Mientras espera para llevar al animal, asegúrese de que se mantenga bien hidratado, ya que esto puede ayudar a reducir la gravedad de algunos de los síntomas.

Cólico

En realidad, este es un término más general que el nombre de una condición específica. La palabra simplemente se refiere al dolor o malestar abdominal o estomacal y puede ser el resultado de una variedad de problemas diferentes. El código a menudo se puede detectar por los sonidos del intestino, un aumento de la frecuencia cardíaca, e incluso un aumento de la respiración.

La impacción es un tipo de cólico que resulta de algo en el intestino, por lo general alimentos no digeridos. Los calambres se denominan cólicos espasmódicos y a menudo causan malestar general. El cólico flatulento es un nombre elegante para el malestar o gastrointestinal que resulta del exceso de gas. Los tumores, que se observan con mayor frecuencia en animales más viejos, también pueden ser una causa de cólicos. La torsión es una condición muy dolorosa en la que el burro tiene el intestino torcido, lo que naturalmente le causará mucho dolor. Las úlceras también pueden ser una fuente. Los gusanos, como las tenias o las lombrices intestinales, también suelen causar cólicos. La pancreatitis, que es causada por la hinchazón e inflamación del páncreas, también puede resultar en cólicos y puede ser un problema grave.

La mayoría de las veces, el burro mostrará síntomas como la negativa a comer. Hay una variedad de formas en que se puede tratar esta afección, desde tratar la causa subyacente o incluso suministrar fluidos adicionales al animal a través de un tubo en la nariz. Un goteo intravenoso también puede suministrarle más líquidos al animal. En casos raros, los cólicos pueden requerir cirugía e incluso ser fatales.

El agua sucia o inadecuada puede causar cólicos y problemas con la alimentación. Esto es especialmente cierto si modifica súbitamente la dieta del animal, sin permitirle aclimatarse gradualmente a la nueva alimentación. Pastar en suelos arenosos puede causar cólicos, así como comer materiales no comestibles como cuerdas, madera, plástico u otros materiales.

Las enfermedades y dolencias que hemos enumerado aquí, por supuesto, no son una lista exhaustiva de afecciones que pueden afectar a los burros, pero cubren la gama de problemas más comunes que es probable que enfrenten. Mientras más tiempo críe y cuide a los animales, más se familiarizará con algunos de los principales problemas que pueden ser un problema para estos animales, qué hacer, y cuándo llamar a un veterinario u otro profesional.

Capítulo 11: Unas Palabras Sobre las Mulas

Las mulas son, para todos los efectos, una criatura híbrida. Muchos confunden burros y mulas, pero son diferentes. Los burros descienden de asnos salvajes en África y Asia, mientras que una mula es un cruce entre una yegua y un burro macho.

También hay cruces entre caballos machos y burras hembras, pero estos se llaman burdéganos. Son muy similares a las mulas, pero son un poco más pequeños y no deben confundirse con el mismo animal.

Una mula es un animal único genéticamente, siendo un cruce entre un caballo con 64 cromosomas y un burro que tiene 62. Tanto las mulas como los burdéganos tienen 63 cromosomas, lo que los hace increíblemente únicos.

Básicamente, esto significa que las mulas y los burdéganos son estériles, y no pueden reproducirse sexualmente. La mula hembra tiene un ciclo de celo, lo que teóricamente le permitiría concebir. Aún así, dado que los machos suelen ser 99,9% estériles, hay pocos registros de embarazos o nacimientos reales entre mulas hembras; la mayoría de las veces, el raro nacimiento de un potro es el resultado de una transferencia de embriones. La mula es deseable porque tiende a ser más saludable y mucho más resistente que los caballos de tamaño comparable, y requieren menos alimento y cuidado.

Similitudes y Diferencias Entre Mulas y Burros Estándar

Aunque se confunden fácilmente con burros, en realidad una mula tiene más común físicamente con un caballo que con un burro. Cuando se trata del tamaño del cuerpo, la forma, la dentadura, y más, son morfológicamente más similares a la yegua que al caballo. Hay diferentes tipos de mulas, incluidas miniaturas. Una mula típica, debido al aporte del caballo a su genética, es un poco más grande que un burro estándar.

Los burros tienen orejas muy largas, lo cual es una de las características más claramente identificables del animal. Sin embargo, una mula tendrá orejas más pequeñas y más parecidas a las de un caballo que a las de un burro.

Las vocalizaciones son otra forma significativa de distinguir entre un burro y una mula. Un burro es bien conocido por su llamada hee-haw, mientras que una mula tiene algo que está más entre un relincho y un hee-haw. Es un sonido distintivo que no es probable que se confunda con el de un burro, una vez que se acostumbre a él.

Las mulas, como los burros y los caballos, son animales longevos y suelen vivir entre 30 y 40 años, aunque los animales de trabajo o reproductores pueden tener una esperanza de vida más corta. Una de las cosas que hace que las mulas sean más atractivas que los burros para algunos, es que estas son más inteligentes, lo que dicen mucho, ya que los burros también tienen una inteligencia asombrosa. Las mulas también parecen un poco menos tercas que los burros; las mulas rápidamente aprenden habilidades, más similar a los caballos, que los pensativos y cautelosos burros.

Una mula normalmente pesará entre 800 y 1000 libras, pero las miniaturas pueden ser tan pequeñas como para pesar menos de 50 libras. Las mulas miniatura son criaturas súper lindas y dulces que las hace excelentes mascotas o animales de compañía.

Aunque desciende a medias de una yegua, la piel de una mula no es tan sensible como la piel de un caballo; se parece más a la piel de burro, resistente tanto al solo como a la lluvia, lo que los convierte en un animal más resistente que sus homólogos caballos. Por supuesto, esto no significa que no necesiten refugio de los elementos, sino que son menos sensibles y más adaptables a su entorno que un caballo.

Como un burro, una mula es mejor para navegar por terrenos complejos y desiguales. Tienen pezuñas mucho más duras que los caballos, por lo que es mucho menos probable que se agrieten, y que puedan manejar terrenos rocosos o irregulares. Dado que normalmente no tienen zapatos, son más fáciles y menos costosas de cuidar que los caballos.

Al igual que ocurre con los burros y los caballos, la mula es un excelente animal para transportar pequeñas cargas. Pueden cargar alrededor del 20% de su peso corporal en el lomo, y mucho más cuando tiran de un carro por el suelo.

Al igual que un burro, una mula no es un caballo, aunque la mitad de la genética provenga de ellos. Tienen necesidades y requisitos nutricionales muy diferentes, y no deben tratarse como un caballo pequeño, sino como una criatura única por derecho propio.

Al igual que con los burros, el sistema digestivo de las mulas se adapta mucho mejor a los pastos de bajo valor nutricional. Les toma más tiempo digerir sus alimentos, lo que les permite obtener la mayor cantidad posible de nutrientes de su alimentación. Los alimentos que son demasiado ricos o altos en nutrientes pueden causar una variedad de problemas gastrointestinales, al igual que con los burros.

Deberá recordar que no comparten los mismos requisitos que los caballos y, en términos de mantenimiento y cuidado, son más similares al lado del burro de su ascendencia, y deben tratarse como tales.

La alimentación de una mula debe abordarse de la misma manera en que lo haría con la alimentación de un burro. Sus alimentos deben ser apropiados para sus necesidades nutricionales y digestivas, y la cantidad que comen debe ser controlada. Al igual que los burros, las mulas son conocidas por comer excesivamente cuando se les da una sobreabundancia de alimento, y esto puede causar problemas como la obesidad (o incluso diabetes), a la que las mulas son mucho más susceptibles que los caballos.

Nunca use con mulas equipo pensado para caballos. Si bien tienen un tipo de cuerpo similar, no son lo mismo, y el uso de equipo inapropiado puede dañar y lesionar al animal. Si es posible consiga cabestros y otro equipo especialmente adecuado para mulas. Hay muchos lugares donde puede adquirir un cabestro personalizado u otro equipo hecho exactamente al tamaño de su animal. A pesar de que esto es más caro que comprar un cabestro en una tienda de granja, se ajustará mejor y probablemente dará mejores resultados con el animal.

Las mulas, como los burros y los caballos, vienen en una amplia gama de tamaños y colores, y lo que funcione mejor para usted dependerá del uso previsto para el animal y sus preferencias personales. Una mula tiene un precio más alto que un burro, ya que es un mestizaje, y se necesita más habilidad para engendrarlos y criarlos. Puede esperar pagar entre 1.200 y 5.000 dólares por una mula, tal vez más si busca obtener una miniatura.

Datos Interesantes Sobre las Mulas

Ejércitos de todo el mundo han confiado durante mucho tiempo en las mulas, ya que son más resistentes, requieren menos insumos, y pueden manejar una gama más diversa de terrenos y entornos que los caballos. Son más baratas y fáciles de cuidar y mantener, lo que las hace superiores al caballo en muchas aplicaciones.

Incluso la mula se ha utilizado en la guerra más moderna. En los años 80, cuando el ejército estadounidense trabajaba en Afganistán, se usaban mulas para trasladar armas y suministros por el difícil terreno. Se estima que en estas operaciones se utilizaron hasta 10.000 mulas.

Existe una larga tradición histórica de uso tanto de mulas como de burros en guerras, desde guerras antiguas hasta guerras mundiales importantes. Fueron mejores asistentes que los caballos porque requieren menos comida y otros insumos, son más duros y pueden navegar por una amplia gama de tipos de terreno, mientras que los caballos necesitan tener un terreno liso y plano, que no siempre se puede encontrar en una zona de guerra.

Las mulas se crían predominantemente en China y México, aunque hay criadores conocidos en casi todos los continentes y en todos los países.

Como el burro, una mula recurrirá a las patadas cuando se sienta amenazada. Pueden patear tanto hacia adelante como hacia atrás, pero es inusual que también puedan patear hacia los lados, algo que ciertamente muchas personas no esperan ver cuando tratan con estos animales. Sus patas traseras son increíblemente fuertes, y una buena patada puede lastimar y causar daños graves. ¡Tenga esto en cuenta cuando trate con mulas e intente mantenerse alejado de esas poderosas patas traseras!

Engendrando y Criando Mulas

Discutimos algunos de los conceptos básicos sobre engendrar mulas en el capítulo sobre reproducción. El cruce entre una yegua y un burro macho no es el más fácil de producir, ya que los burros y los caballos, al ser especies diferentes, no se aparean de forma natural. Aparentemente, la excepción es con los burros machos que se crían *exclusivamente* con caballos. Es mucho más fácil hacer que un burro macho, criado solo con caballos, en lugar de con otros burros o una mezcla de ambos, se aparee con yeguas, ya que les parece más natural.

Los burros y los caballos tienen sistemas de reproducción sexual similares, pero diferentes, y diferentes formas de abordar el apareamiento, lo que hace que sea más difícil tener relaciones sexuales exitosas, pero no es imposible. Muchas personas optan por usar inseminación artificial como medio clave para la reproducción, ya que es más fácil de lograr y requiere mucho menos esfuerzo por parte de todos. Sin embargo, como señalamos en el capítulo sobre reproducción, no es imposible, y con algunos conocimientos y habilidades, puede conseguir que las yeguas y los burros se reproduzcan de manera natural.

Como también señalamos, la mayoría de los mulos machos son estériles, aunque se sabe que las hembras entran en celo, y en raras ocasiones, dan a luz a un potro. Sin embargo, la mayoría de las veces no pueden reproducirse y, por lo tanto, la única forma de conseguir una mula es mediante el apareamiento directo entre yeguas y burros.

Aunque tienen la morfología más parecida a la de un caballo, su cuidado es más parecido a la porción de burro de su genética. Pueden vivir en una gama mucho más diversa de entornos que los caballos, haciendo que sean más fáciles de cuidar y menos exigentes; los zapatos no suelen ser necesarios para las mulas. Sus necesidades dietéticas son muy similares a la de los burros.

Necesitan ser alimentadas con vegetación alta en fibra o heno o paja suplementarios con bajo contenido de azúcar. El forraje rico o la vegetación densa en nutrientes no es ideal para estos animales. Para obtener los mejores resultados en términos de una nutrición adecuada, por favor consulte el capítulo sobre alimentación de burros para obtener más información.

Para obtener los mejores resultados al entrenar a su mula, involúcrese con ellas lo antes posible tras su nacimiento. Cuanto antes pueda empezar a socializarlos, mejor será su relación con ellos, y más fácil será entrenarlos. Dado que son un poco menos pensativos y contemplativos que los burros, tienden a adquirir habilidades y entrenamiento un poco más rápido, pero como el burro, no necesitan tanta repetición para aprender la tarea como lo necesitaría un caballo.

Puede desarrollar algo muy parecido a una amistad con una mula, al igual que con un burro, y esto no es solo por consideración, sino que facilita brindarles los cuidados que necesitan. Dado que, al igual que con los burros, no son tan expresivas como los caballos, conocerlas bien facilita la lectura de sus emociones y lenguaje corporal. Esto es especialmente importante si el animal está enfermo o herido. Disfrutan de la interacción social con personas y otros animales y, como resultado, pueden ser mejores animales de compañía que un burro.

El lenguaje corporal de su mula no debe leerse exactamente como el de un caballo; es probable que las mulas muestren diferentes emociones o deseos. Pueden acercarse a los humanos con las orejas hacia atrás, lo que, como en el caso de los caballos, es un indicio de agravamiento o agresión. Pero en una mula, podría significar que está pidiendo un regalo. Se necesita tiempo para saber qué significan las diferentes señales corporales, y es útil considerar lo que está haciendo el resto del cuerpo y el contexto en el que se está llevando a cabo la acción. Esto le ayudará a determinar mejor cuáles son sus deseos e intenciones.

Las mulas son territoriales de la misma manera que los burros, y esto puede ser tanto algo bueno como algo malo. Al igual que el burro, se puede entrenar a una mula para que vigile el ganado y persiga a los depredadores. Sin embargo, al igual que el burro, no les agrada ninguna especie canina, por lo que su interacción con un perro de la familia podría ser menos que ideal. Ya sea que esté criando y manteniendo burros o mulas, tenga cuidado cuando deje que un perro se acerque a ellos.

Las mulas tienen un olor diferente al de un burro o un caballo, y esto puede generar cierta confusión si las mulas se mantienen con otros tipos de equinos. Pareciera que a los otros animales les cuesta más averiguar qué es exactamente la mula. Las mulas se pueden mantener con otras mulas, caballos, burros o ganado. Son animales versátiles que pueden asumir una variedad de trabajos en una granja y simplemente hacer compañía a una persona.

Una mula, como un burro, requerirá un aseo regular para mantenerlas en buena forma. Su pelaje es más suave que el de un burro, pero su cuidado es muy similar. Necesitan un cepillado regular para deshacerse del barro y otros desechos que se acumulan en su pelaje. También necesitarán que les limpien los ojos, oídos, boca y pezuñas con regularidad, de la misma manera que un burro. Al igual que un burro, sus pezuñas continúan creciendo a lo largo de su vida, y deberán ser recortadas con regularidad, pero no necesitarán zapatos ni el mismo nivel de entorno que requiere un caballo.

Conclusiones

Los burros son criaturas únicas y resistentes que evolucionaron para vivir en entornos duros e implacables. Como resultado, son apreciados por su cuidado relativamente bajo, su buen comportamiento, y su ética de trabajo duro. Estos animales, cuando son cuidados y entrenados adecuadamente, pueden realizar varias funciones, desde ser montados hasta proteger el ganado.

Criar burros también puede ser una idea de negocio lucrativa, ya que el burro es ideal para determinadas actividades y entornos. Al cerrar esta breve guía sobre la posesión y la crianza de burros, veamos un par de formas en las que puede convertir la cría de burros en un emprendimiento lucrativo para hacer dinero que brinda un servicio valioso y es gratificante tanto para usted como para el burro.

Dado que los burros son criaturas tan emocionales y sociales, algunos crían burros, particularmente miniaturas, para que sean mascotas. Dado que son pequeños y muy amigables, los burros miniatura son excelentes animales familiares para personas con una pequeña cantidad de tierra y un deseo por un animal de compañía menos común que el humilde perro. Si está criándolos o vendiéndolos para que sean mascotas, querrá hacer su tarea al determinar a quién le venderá animales.

Como señalamos numerosas veces en esta guía, los burros son animales longevos, y cualquier persona que esté interesada en adoptar uno debe comprender esto, y el hecho de que requieren algunos cuidados especializados; no se les cuida exactamente como a los caballos. Puede hacer verificaciones de antecedentes o incluso revisar la propiedad de los posibles propietarios para asegurarse de que sean adecuados para tener un burro (o burros) como mascotas.

Dado que estos animales son tan sociales, cualquier persona interesada en comprar uno como mascota necesita saber cuánto tiempo y socialización son necesarios para que su animal sea feliz y realizado. Muchos obtienen un par de burros para que puedan hacerse compañía, y tal vez sea una sugerencia para darle a un posible adoptante de burros.

Deberá consultar con las oficinas de su gobierno local para conocer las reglas y regulaciones requeridas para vender burros como mascotas, y asegurarse de seguir los canales adecuados para proporcionar pasaportes equinos para cualquier burro que venda.

Algunas personas crían y venden burros como animales de trabajo ligero. Aunque esto no es tan común como solía serlo, los burros son una excelente inversión para una variedad de actividades laborales diferentes, desde el trabajo agrícola hasta el transporte de mercancías o personas. Muchos lugares turísticos usan burros para llevar grupos de excursionistas o incluso para que los turistas viajen a un destino en particular (recuerde el Gran Cañón, que depende de burros, especialmente mulas). También puede consultar las leyes locales para asegurarse de que está siguiendo todas las reglas y regulaciones que se requieren para vender burros en su área.

Finalmente, esta es quizás la forma más lucrativa de usar burros, y esta corresponde a vender su leche. Como mencionamos en el capítulo sobre la leche de burra, se ha demostrado que es muy útil para una variedad de condiciones. Las personas todavía la usan para tratar una variedad de afecciones de salud, desde eczema hasta alergias. Sin embargo, más comúnmente, la leche de burra se usa en productos de belleza de alta gama.

Conocida y elogiada por sus innumerables beneficios para la piel, como propiedades antienvejecimiento, hidratación avanzada, y la capacidad de las personas, incluso con piel sensible, de utilizar productos elaborados con leche de burra, los productos de belleza elaborados con ella se están volviendo cada vez más populares. Debido a la alta demanda y a la relativa escasez de leche de burra, la leche se vende por un valor más elevado; el queso elaborado con esta leche puede costar hasta 1.000 dólares por libra, lo que lo convierte en uno de los productos lácteos más caros del mundo.

La leche de burra se usa para una variedad de otros propósitos, como dársela a niños enfermos o quisquillosos e incluso hacer queso con ella. El queso más caro del mundo se elabora con leche de burra.

Dado que los burros no producen grandes cantidades de leche, necesitará una cantidad decente de animales para obtener suficiente leche para que valga la pena. Aun así, existe una demanda muy alta, y esta puede ser la mejor oportunidad de negocio relacionada con la crianza de burros. Muchos ganaderos que crían burros para su leche trabajan directamente con un negocio o empresa de belleza en particular, y venden su leche exclusivamente a dicha empresa. Si tiene suficientes animales, es posible que pueda producir suficiente leche para abastecer a más de una pequeña empresa. Esto no es algo que se pueda hacer a escala industrial, y es probable que solo preste servicios a una o dos pequeñas empresas.

Independientemente de para qué elija usar los burros, ellos son excelentes animales que proporcionan mucha fuerza de trabajo e incluso pueden proteger al ganado. Son criaturas altamente inteligentes que pueden adaptarse a una amplia gama de entornos, y pueden aprender a realizar una variedad de habilidades diferentes, dependiendo de sus necesidades y expectativas.

Comprender la naturaleza emocional, el temperamento y las necesidades especiales de los burros hará que sea más fácil criarlos de manera saludable y feliz. Tener burros por cualquier razón es un esfuerzo gratificante que le permite desarrollar un vínculo profundo con una criatura cariñosa y amorosa, que también puede proporcionar fuerza de trabajo y más.

Criar burros sanos, felices y bien entrenados le hará ganar una reputación fuera de su área local. Las personas interesadas en comprar burros vendrán de todas partes para obtener animales que tengan un pedigree sólido, y que provengan de un entrenador/propietario que sea bien conocido por brindar a los animales el mejor cuidado, entrenamiento y socialización posibles.

Quizás los burros ya no son el animal más común, pero tienen una historia larga e ilustre de convivencia con los humanos. Durante unos 6.000 años, el burro y el hombre han vivido y trabajado juntos de diversas formas, trabajando en las estrechas hileras entre viñedos o enseñando a un niño a montar.

Han evolucionado y han sido criados selectivamente para tener varios rasgos que los hacen más adaptables y útiles para los humanos en una variedad de climas y tipos de terreno. Los burros son conocidos por ser afectuosos y cariñosos con los humanos cuando han sido adecuadamente socializados. Estas son criaturas altamente inteligentes que necesitan una cantidad decente de estimulación mental para mantenerse felices y saludables.

Esta guía ha buscado brindar a aquellos interesados en criar burros, ya sea por motivos comerciales o personales, la información que necesitan para tomar una decisión informada sobre el tipo de animal a obtener. También cubre el cuidado que necesitan, cómo entrenarlos en habilidades básicas, y una descripción general de las diferentes dolencias comunes a estos animales, y cómo detectar o prevenir que ocurran en primer lugar.

Si bien esta no es una guía completamente detallada, debería brindarle el conocimiento que necesita para comenzar su viaje con el humilde burro. Dado que tiene una mala reputación por ser terco, este animal pensativo solo necesita el tipo correcto de entrenamiento, y puede aprender varias habilidades y comportamientos, brindándole compañía y fuerza animal durante muchos años.

Vea más libros escritos por Dion Rosser

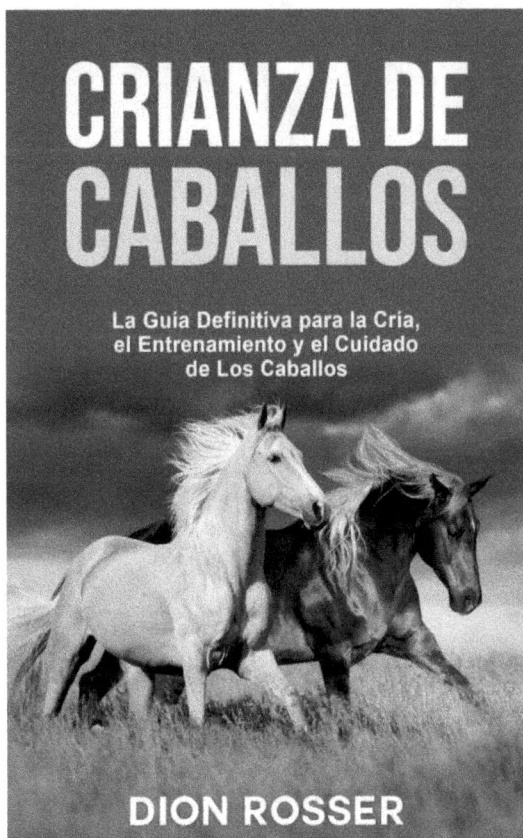

www.ingramcontent.com/pod-product-compliance
Lightning Source LLC
Chambersburg PA
CBHW050644190326
41458CB00008B/2417